Beantworten Sie die Fragen.

1 – 1
Axonometrische Darstellung

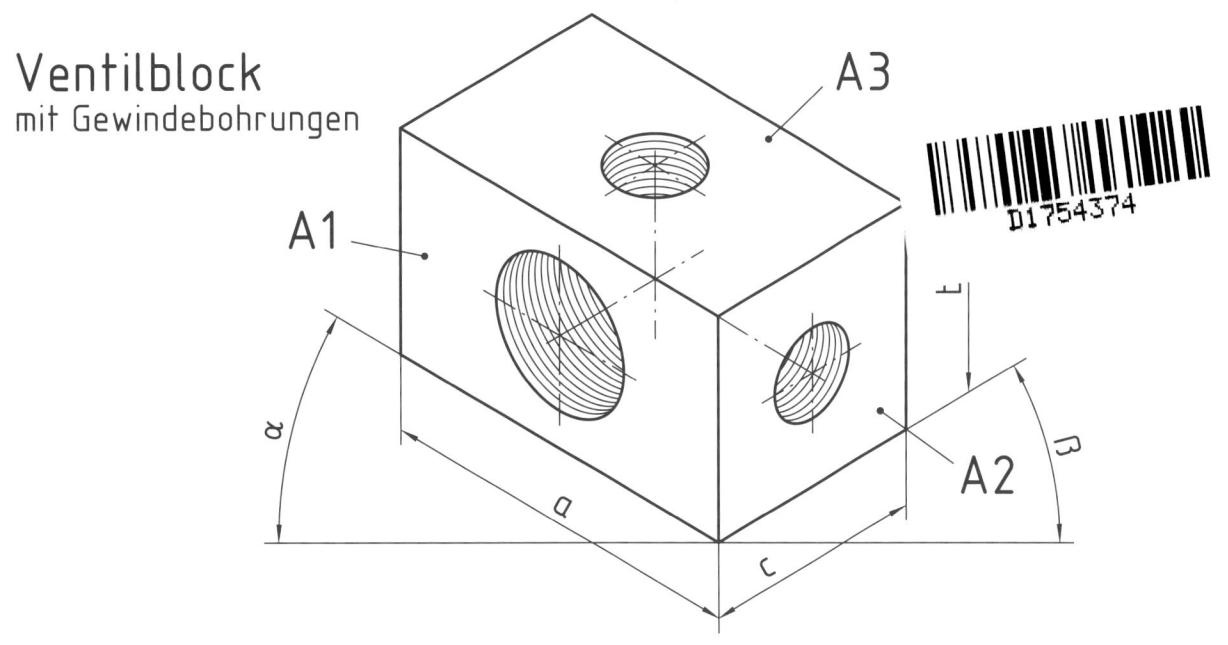

Ventilblock mit Gewindebohrungen

1. Wie groß sind die Winkel α und β bei der dimetrischen Projektion nach DIN 5?
   - [ ] a) α = 30°, β = 60°
   - [ ] b) α = 7°, β = 42°
   - [ ] c) α = 0°, β = 45°
   - [ ] d) α = 30°, β = 30°

2. Wie groß sind die Winkel α und β bei der isometrischen Projektion nach DIN 5?
   - [ ] a) α = 30°, β = 60°
   - [ ] b) α = 7°, β = 42°
   - [ ] c) α = 0°, β = 45°
   - [ ] d) α = 30°, β = 30°

3. Wie verhalten sich die Seitenkanten a, b, c bei der dimetrischen Projektion nach DIN 5?
   _____

4. Wie verhalten sich die Seitenkanten a, b, c bei der isometrischen Projektion nach DIN 5?
   _____

5. Kreuzen Sie die richtige Aussage an!
   - [ ] a) Die Bohrung in der Fläche A1 darf bei der dimetrischen Projektion nicht als Kreis gezeichnet werden.
   - [ ] b) Die Bohrung in der Fläche A1 darf bei der dimetrischen Projektion als Kreis gezeichnet werden, da die Verzerrung der Ellipse nur gering ist.
   - [ ] c) Die Bohrungen in den Flächen A2 und A3 müssen bei der isometrischen Projektion als Kreise gezeichnet werden.
   - [ ] d) Die Bohrungen in den Flächen A1 bis A3 können immer als Kreise gezeichnet werden, unabhängig von der Projektionsart.

6. Die Zeichnung zeigt eine vereinfachte Ellipsenkonstruktion. Bei welcher Projektionsart kann diese Konstruktion mit Hilfe von vier Kreisbögen angewendet werden?
   - [ ] a) Bei der Kavalierperspektive
   - [ ] b) Nur bei der isometrischen Projektion
   - [ ] c) Nur bei der dimetrischen Projektion
   - [ ] d) Bei allen axonometrischen Projektionen

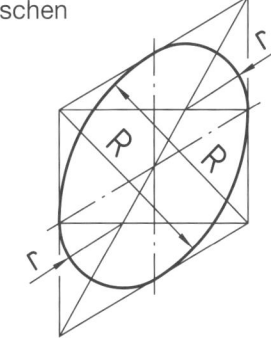

Name | Klasse | Datum

1 – 1a

Benutzen Sie dieses Arbeitsblatt zur Bearbeitung des Arbeitsblattes 1 – 2.
Hinweis: Die Teil-Zeichnungen sind verkleinert dargestellt.

1 - Prisma

2 - Spannbügel

3 - Klemmschraube

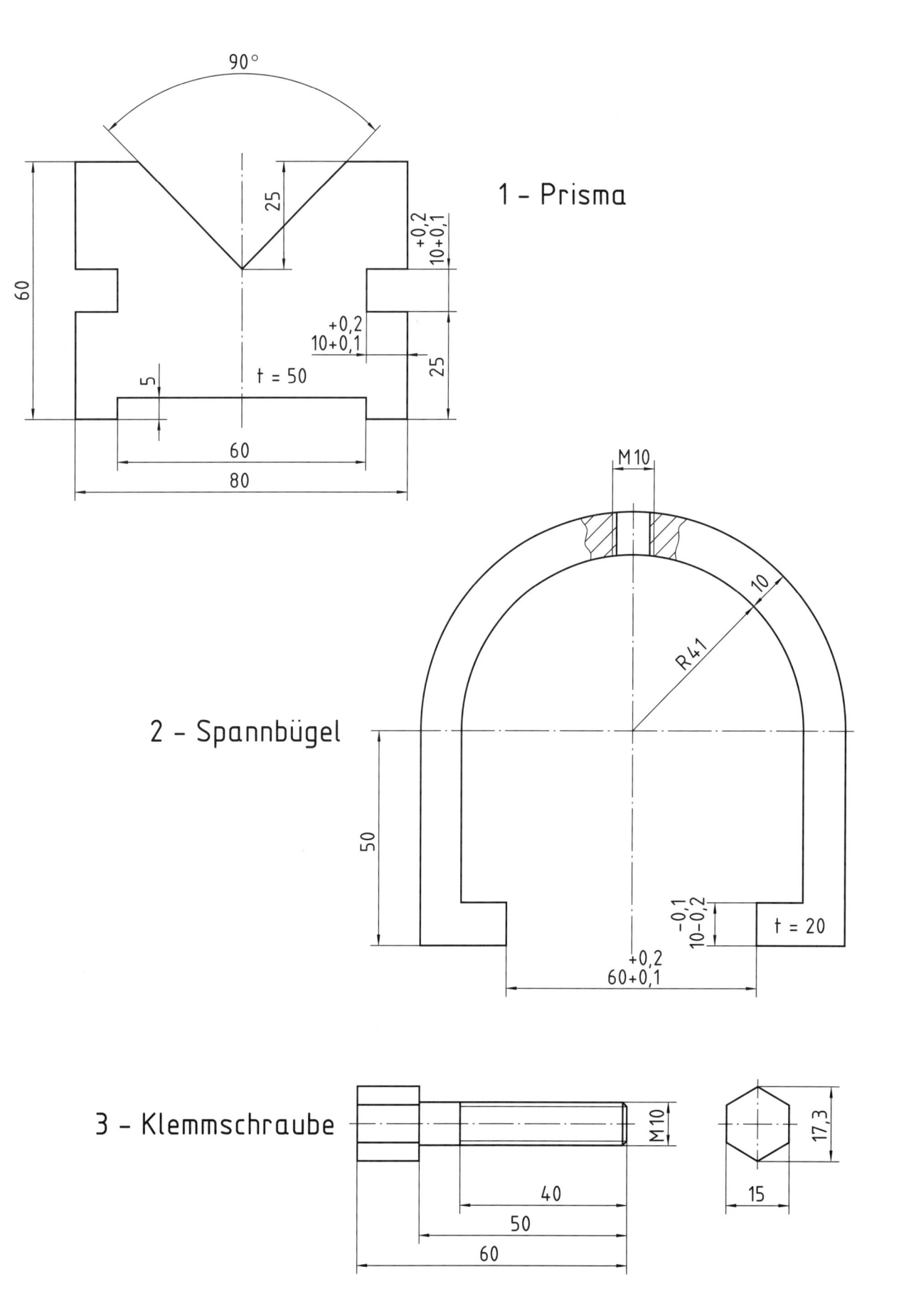

Name	Klasse	Datum

Erstellen Sie eine Explosionszeichnung in dimetrischer Projektion für ein Prisma mit Spannbügel und Klemmschraube. Benutzen Sie hierzu die Teil-Zeichnungen auf dem Arbeitsblatt 1 – 1a.
Die Anordnungen der räumlich darzustellenden Einzelteile sind durch Raumecken und Mittellinien vorgegeben. Das obere Mittellinienkreuz für Teil 3 bezieht sich auf die Deckfläche des Sechskantes. Das Gewinde an Teil 3 kann vereinfacht dargestellt werden.

1 – 2

Axonometrische Darstellung

— Klemmschraube

Spannbügel

Vorderansicht   Prisma

| Name | Klasse | Datum |

1 – 2a   Entnehmen Sie die Maße der isometrischen Darstellung und tragen Sie diese in die vergrößert dargestellte Ansicht ein.
Hierbei ist ein genaues Abmessen in Richtung der isometrischen Achsen notwendig.

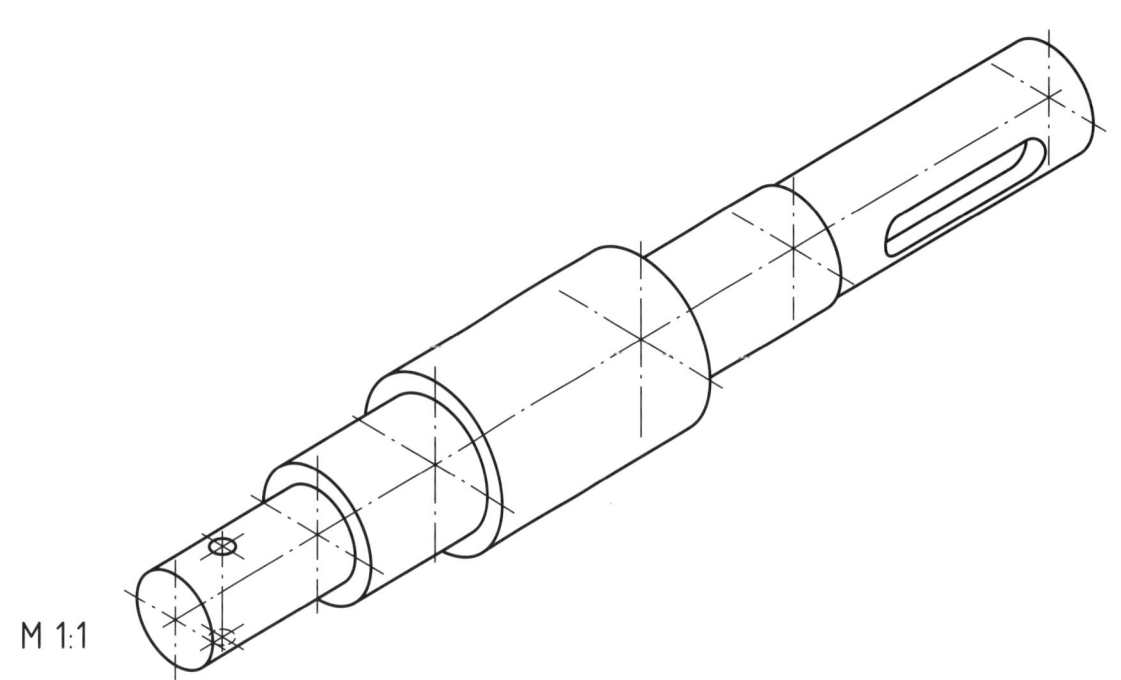

M 1:1

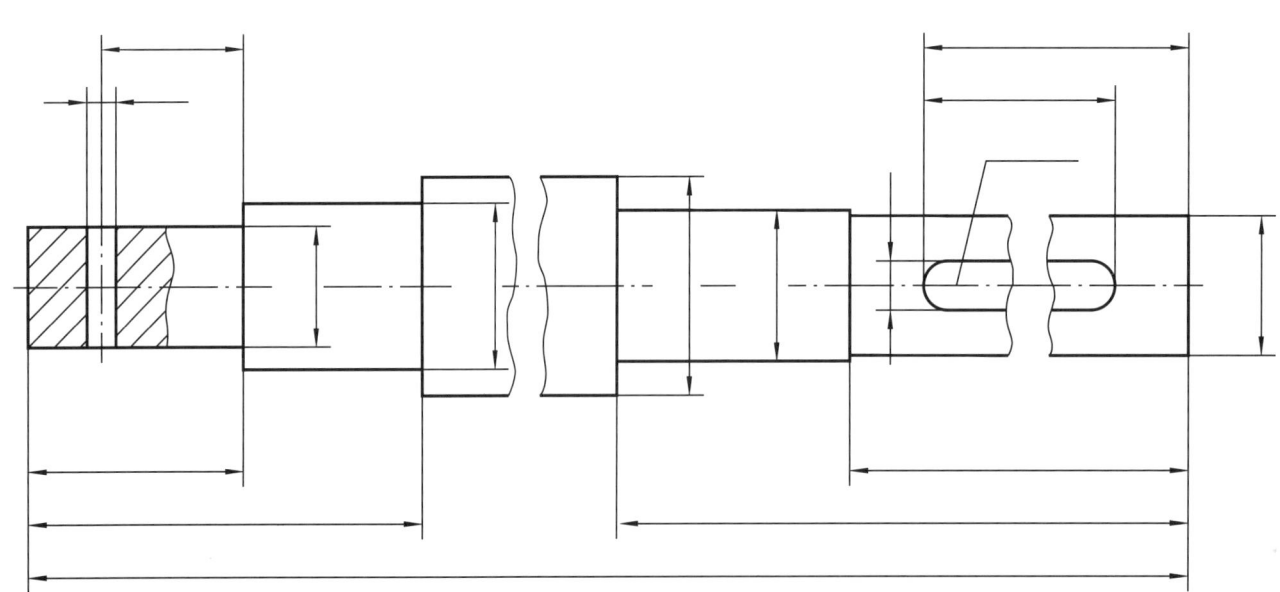

Zeichnung gegenüber der Perspektive vergrößert

| Name | Klasse | Datum |

2 – 1a

Bearbeiten Sie die Aufgaben.

pyramidenstumpfförmiger Hohlkörper
(die Seitenkanten treffen sich alle in einem Punkt)

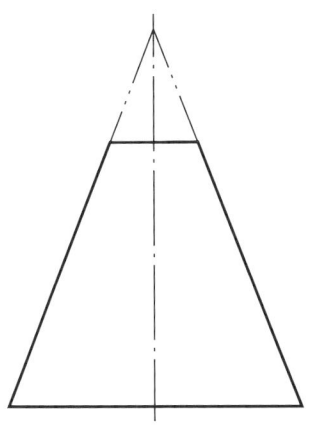
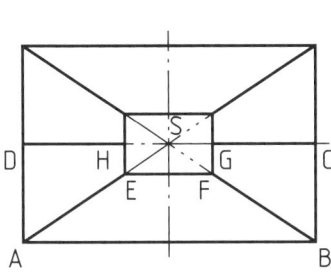
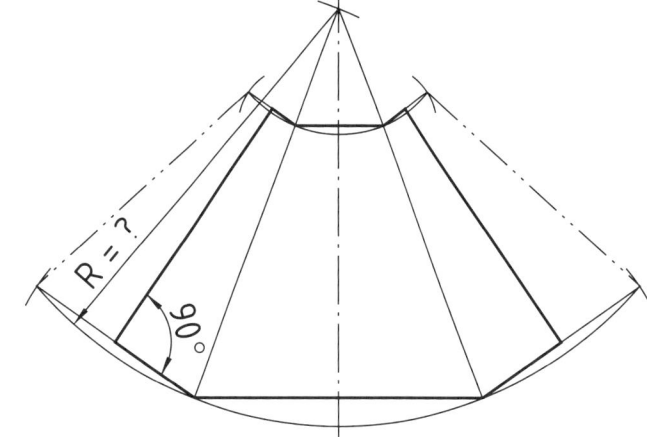

1. Kennzeichnen Sie in der Vorderansicht und in der Abwicklung die Punkte A...S.

2. Ermitteln Sie den Abwicklungsradius R, indem Sie zeichnerisch die wahre Länge der Strecken $\overline{AE}$ und $\overline{ES}$ nachweisen.

pyramidenstumpfförmiger Hohlkörper
(die Seitenkanten treffen sich nicht in einem Punkt)

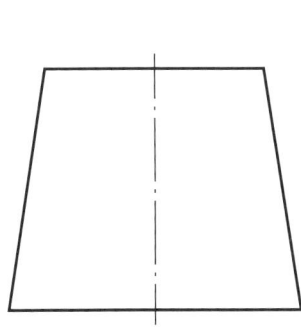
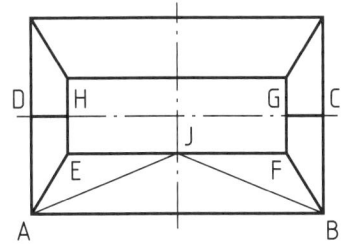
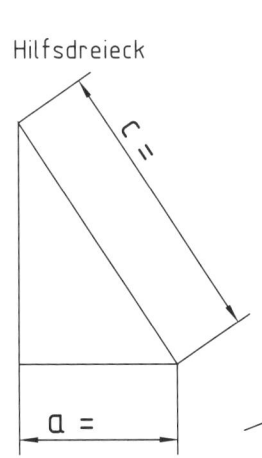
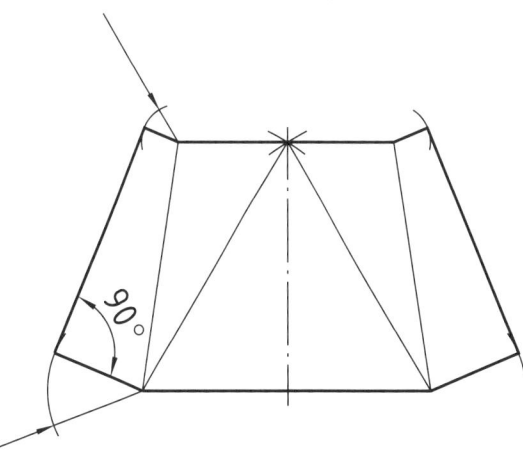

1. Kennzeichnen Sie in der Vorderansicht und in der Abwicklung die Punkte A...J.

2. Kennzeichnen Sie im Hilfsdreieck die Seiten a und c mit den entsprechenden Buchstaben aus der Draufsicht.

3. Kennzeichnen Sie in der Abwicklung die Seite c des Hilfsdreieckes.

Name	Klasse	Datum

...ungen von Pos. 1 und Pos. 2. Zu zeichnen ist jeweils
...der trapezförmigen Fläche A–B–C–D–A und bei Pos. 2

2 -1

Abwicklungen

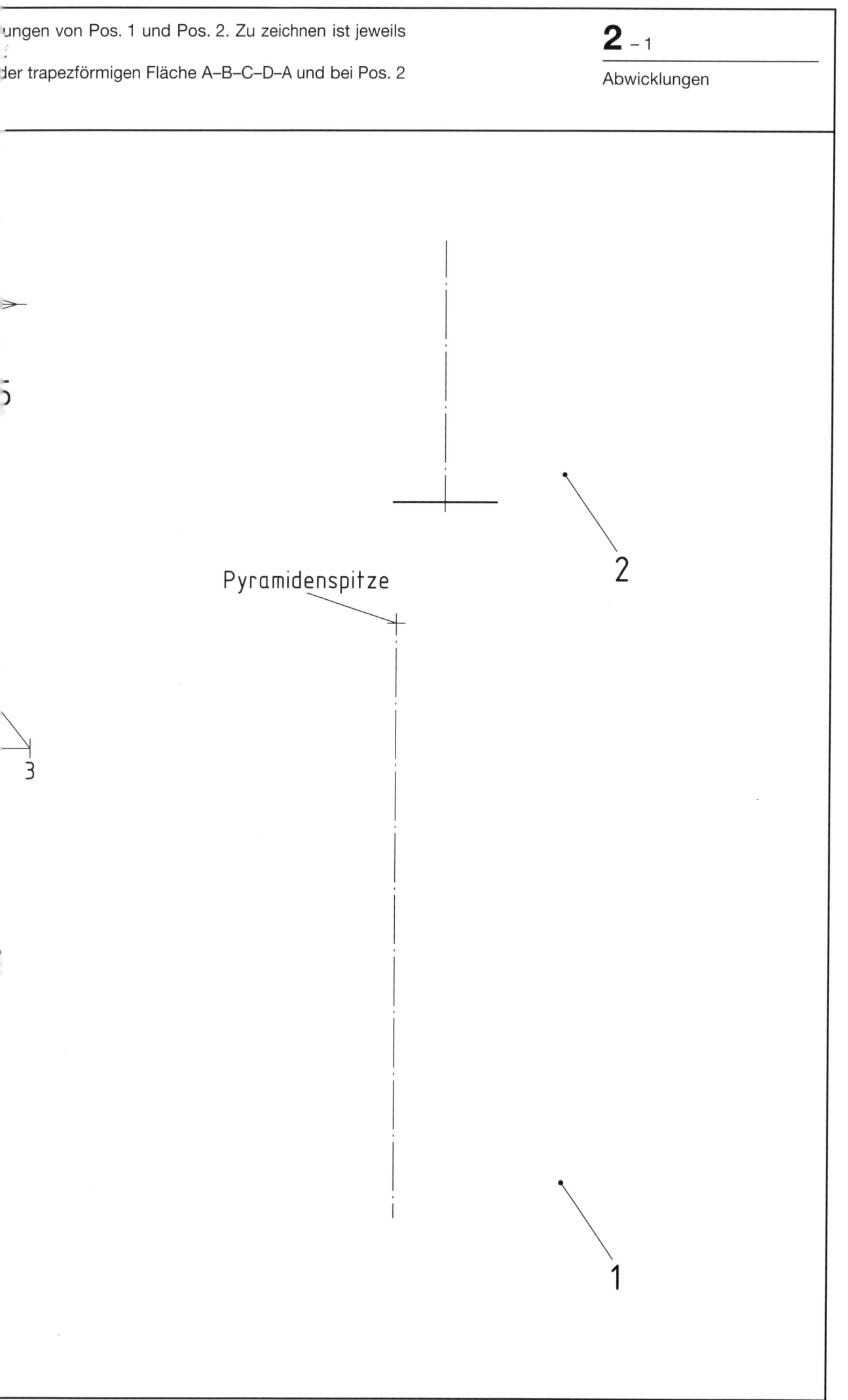

Die Zeichnung zeigt eine Dampf-Ablasseinrichtung. Sie besteht aus einem pyramidenstumpfförmigen Hohlkörper (Pos. 1), einem Übergangskörper von rechteckigem auf kreisförmigen Querschnitt (Pos. 2), zwei Hohlzylindern (Pos. 3 und 4) sowie einem kegelförmigen Hohlkörper (Pos. 5).

Konstruieren Sie die Abwick[lung], nur eine symmetrische Hälft[e]. Beginnen Sie bei Pos. 1 mit mit dem Dreieck C–D–3–C.

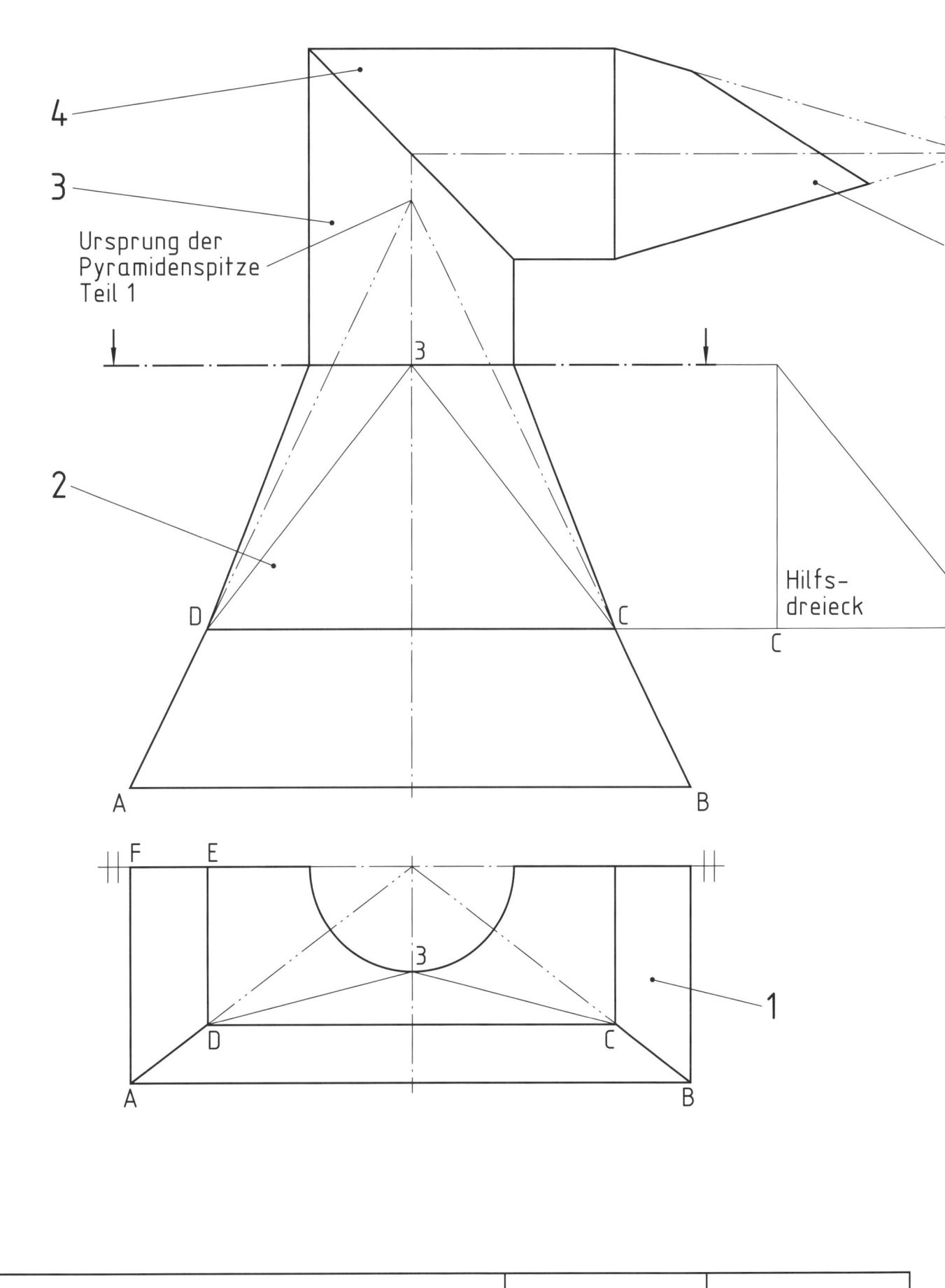

| Name | | Klasse | Datum |

2 – 2a   Bearbeiten Sie die Aufgaben zum Übertragen von Längen.

einseitig geschlossener Hohlzylinder mit Gewinde-Anschlussbohrung in der Deckfläche

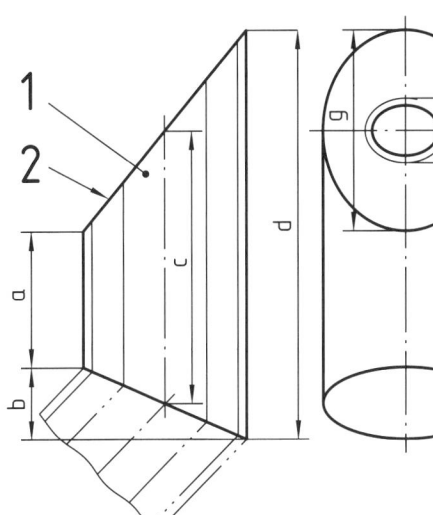
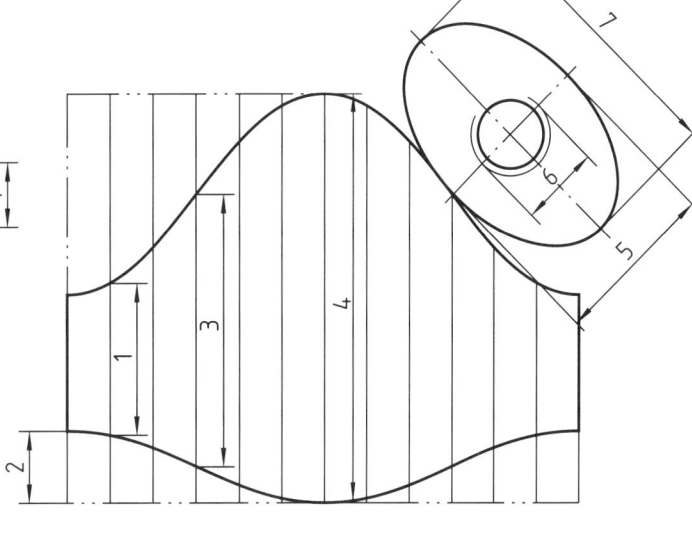
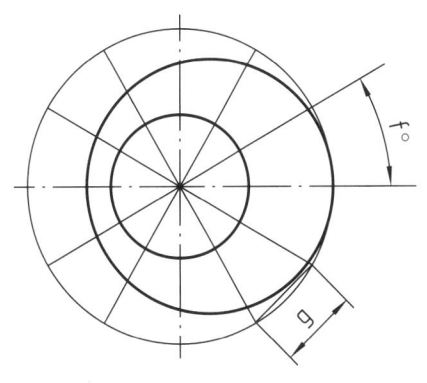

1. In welchen Zeilen stimmt die Kennzeichnung der Längen in Zeichnung und Abwicklung **nicht** überein?

- [ ] a) a – 1
- [ ] b) b – 2
- [ ] c) c – 3
- [ ] d) d – 4
- [ ] e) e – 5
- [ ] f) f – 6
- [ ] g) g – 7

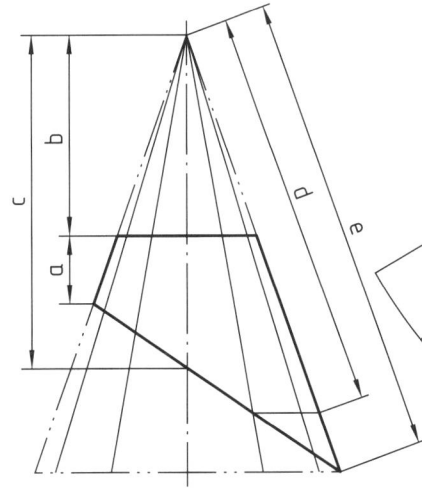
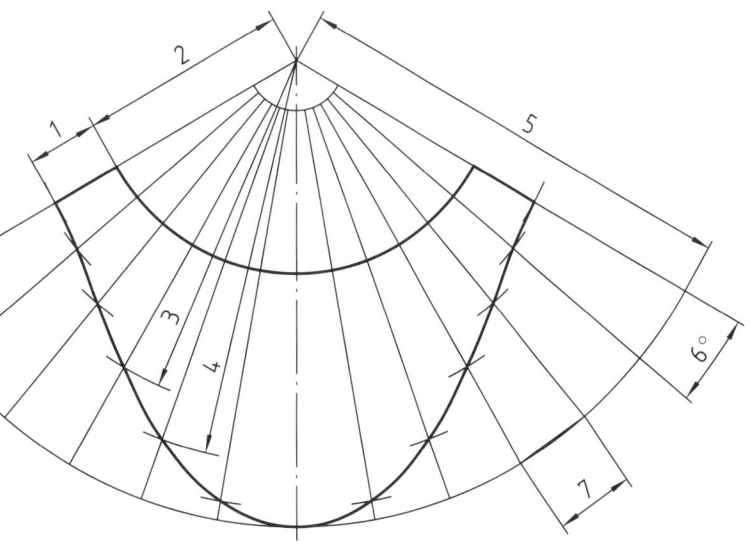

2. In welchen Zeilen stimmt die Kennzeichnung der Längen in Zeichnung und Abwicklung **nicht** überein?

- [ ] a) a – 1
- [ ] b) b – 2
- [ ] c) c – 3
- [ ] d) d – 4
- [ ] e) e – 5
- [ ] f) f° – 6°
- [ ] g) g – 7

einseitig geschlossener Hohlzylinder mit Gewinde-Anschlussbohrung in der Deckfläche

Name | Klasse | Datum

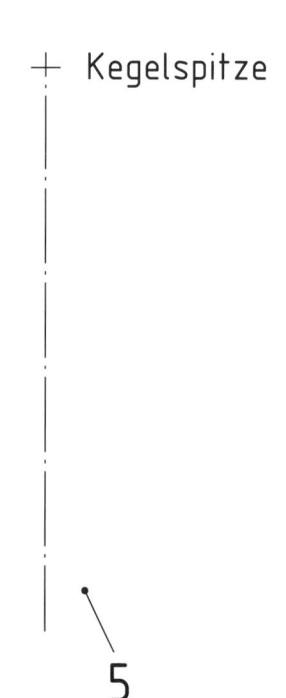

n Abwicklungen der Teile 3 und 5.
größen sind mit Hilfe der vorgegebenen

2 -2

Abwicklungen

$U = D \times \pi$

$\sqrt{\left(\dfrac{D}{2}\right)^2 + H^2}$

$\times 180°$

—3

+ Kegelspitze

5

Die Zeichnung zeigt eine Dampf-Ablasseinrichtung. Sie besteht aus einem pyramidenstumpfförmigen Hohlkörper (Pos. 1), einem Übergangskörper von rechteckigem auf kreisförmigen Querschnitt (Pos. 2), zwei Hohlzylindern (Pos. 3 und 4) sowie einem kegelförmigen Hohlkörper (Pos. 5).

Zeichnen Sie die vollständig
Die wichtigsten Abwicklungs
Formeln zu berechnen.

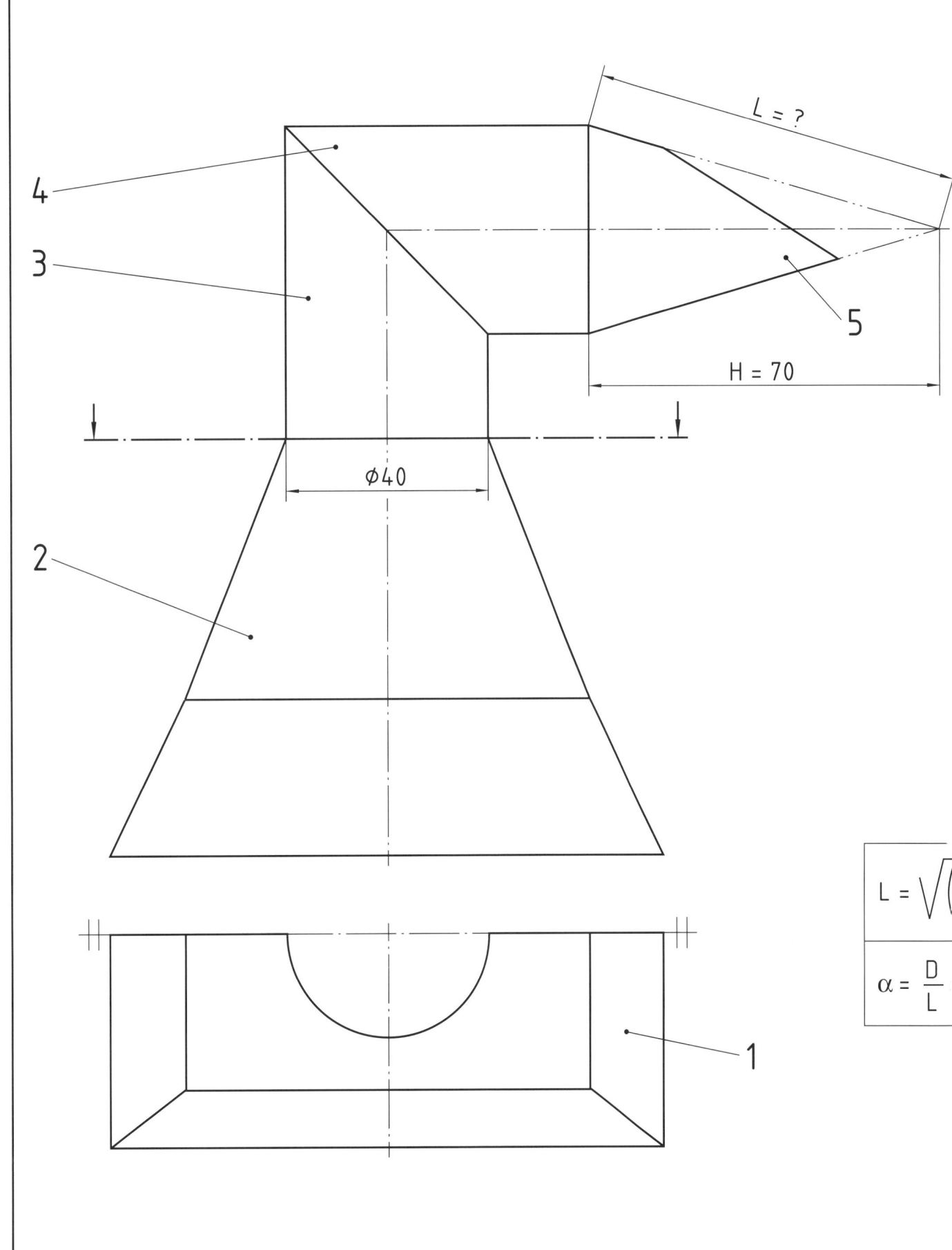

$$L = \sqrt{(\ }$$

$$\alpha = \frac{D}{L}$$

Name		Klasse	Datum

Zeichnen Sie von dem zylindrischen Werkstück die Draufsicht und tragen Sie die fehlenden Maße ein.

3 – 1

Bearbeitungsformen

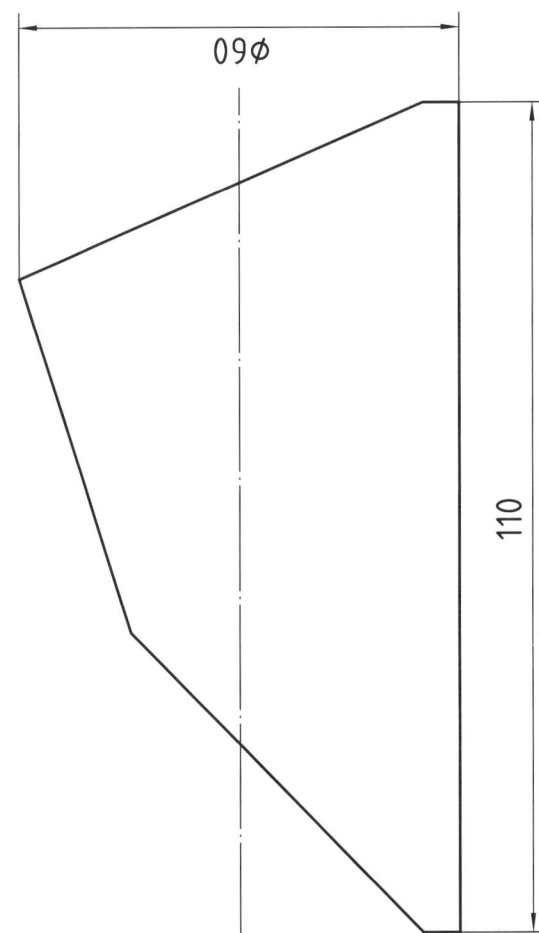

| Name | Klasse | Datum |

3 – 1a Skizzieren Sie die fehlenden Kanten für die Bohrungsdurchdringungen.

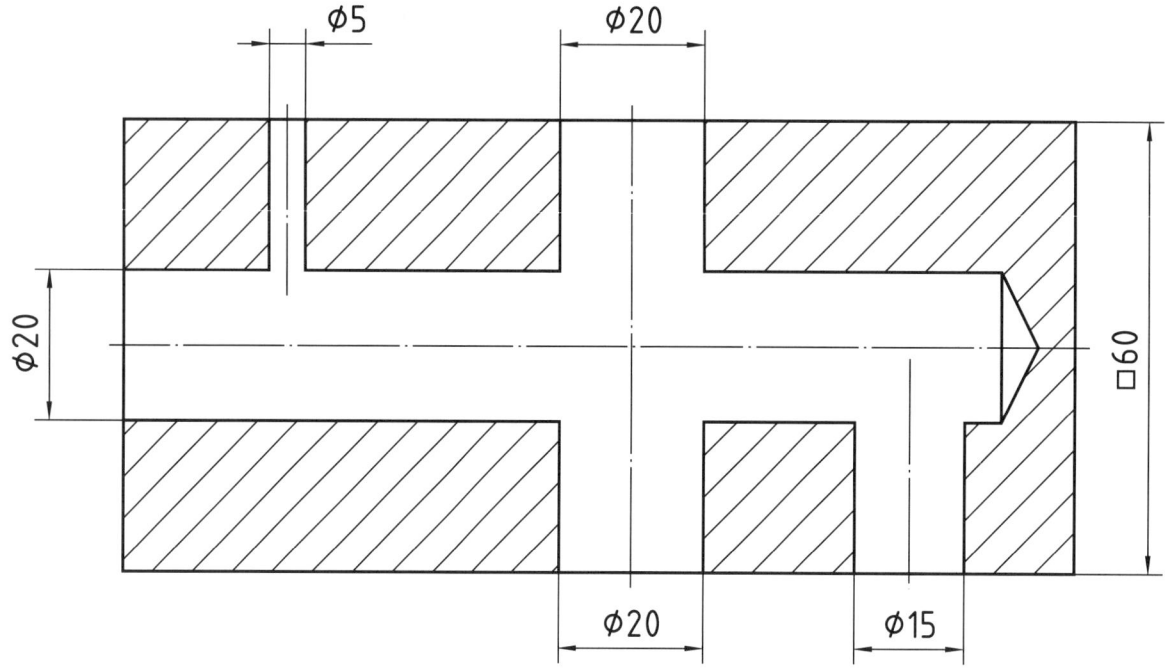

3 – 1a

Name | Klasse | Datum

Konstruieren Sie von dem kegelstumpfförmigen Führungslager die Draufsicht und die Seitenansicht von links. Das Konstruktionsverfahren ist freigestellt.
Verdeckte Kanten sind nicht darzustellen.
Beachten Sie auch die Fragen zu diesem Werkstück auf der Rückseite des Blattes.

3 - 2

Kegelförmige Werkstücke

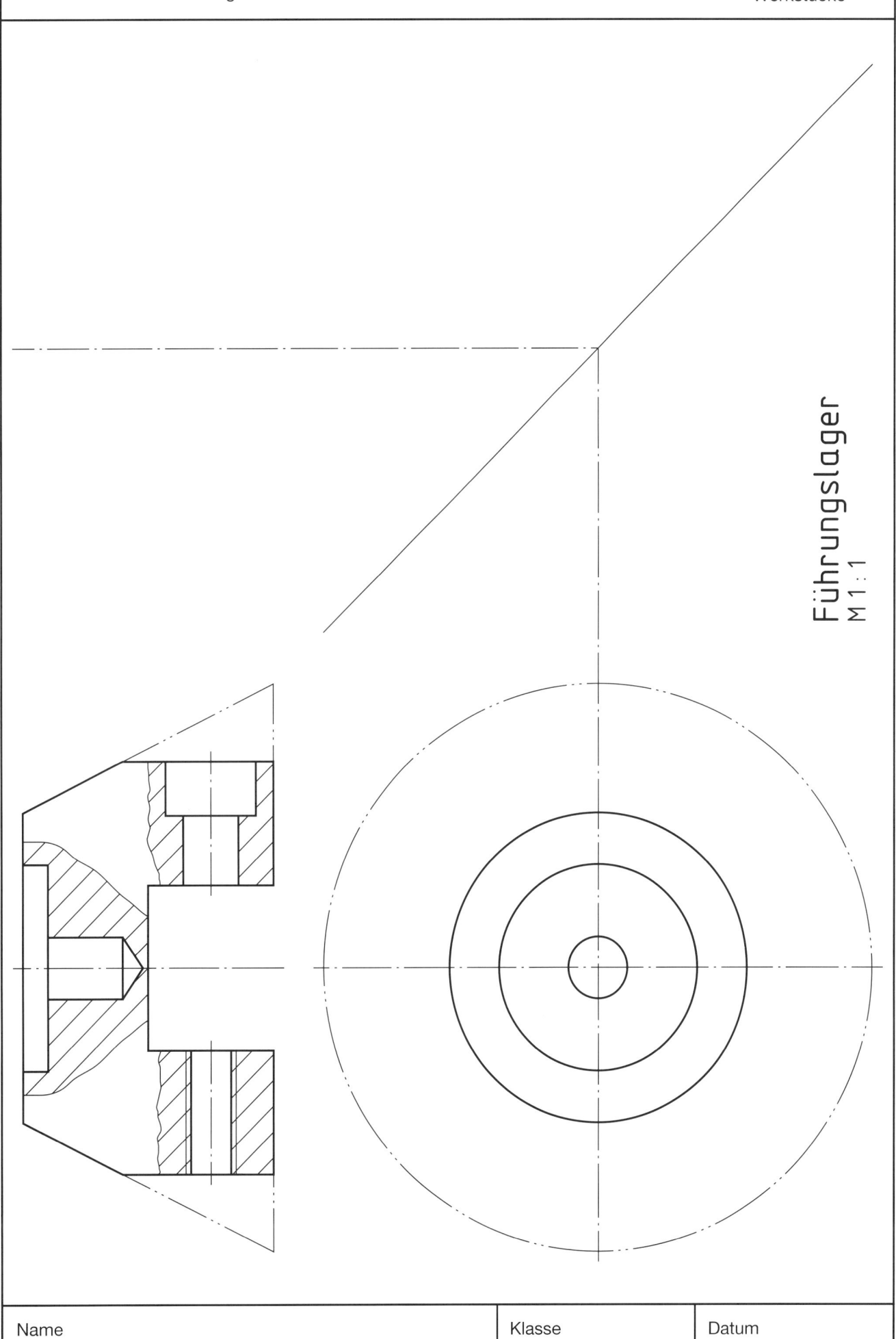

Führungslager
M 1:1

| Name | Klasse | Datum |

3 – 2a

Beantworten Sie die Fragen.

1. Führungslager von Arbeitsblatt 3 – 2:
   Benennen Sie die durch die verschiedenen Bearbeitungsformen entstehenden Schnittflächen.

Steuerkolben

2. Kreuzen Sie die richtigen Aussagen an:

- [ ] a) Die mit 1 gekennzeichnete Fläche ist ellipsenförmig.
- [ ] b) Die mit 1 gekennzeichnete Fläche ist parabelförmig.
- [ ] c) Die mit 2/3 gekennzeichneten Flächen sind ellipsenförmig.
- [ ] d) Die mit 2/3 gekennzeichneten Flächen sind hyperbelförmig.
- [ ] e) Die mit 4 gekennzeichnete Fläche ist in der Seitenansicht als Ellipsenbogen mit dem Kurvenlineal zu zeichnen.
- [ ] f) Die mit 4 gekennzeichnete Fläche wird in der Seitenansicht mit Hilfe des Zirkels als Kreisbogen gezeichnet.
- [ ] g) Die mit 5 gekennzeichnete Fläche ist parabelförmig.
- [ ] h) Die mit 5 gekennzeichnete Fläche ist hyperbelförmig.
- [ ] i) Die mit 6 gekennzeichnete Fläche ist in der Seitenansicht als Ellipsenbogen mit dem Kurvenlineal zu zeichnen.
- [ ] j) Die mit 6 gekennzeichnete Fläche wird in der Seitenansicht mit Hilfe des Zirkels als Kreisbogen gezeichnet.
- k) Welche der drei Längen a, b, c wurde aus der Draufsicht falsch in die Seitenansicht übertragen?
  Länge: ___

Name		Klasse	Datum

Bemaßen Sie die Zentrierspitze norm- und fertigungsgerecht. Dabei sind folgende Hinweise zu beachten:

Der lange Kegel ist nach DIN 228 - MK 4 (Morsekegel) zu bemaßen. Die Werte der DIN 228 für Kegelwinkel α/2 und Verjüngung sind rechnerisch nachzuweisen und in die Zeichnung einzutragen.

Die Länge der 60°-Spitze ist zu berechnen und in der Zeichnung als Hilfsmaß einzutragen.

3 – 3

Kegelförmige Werkstücke

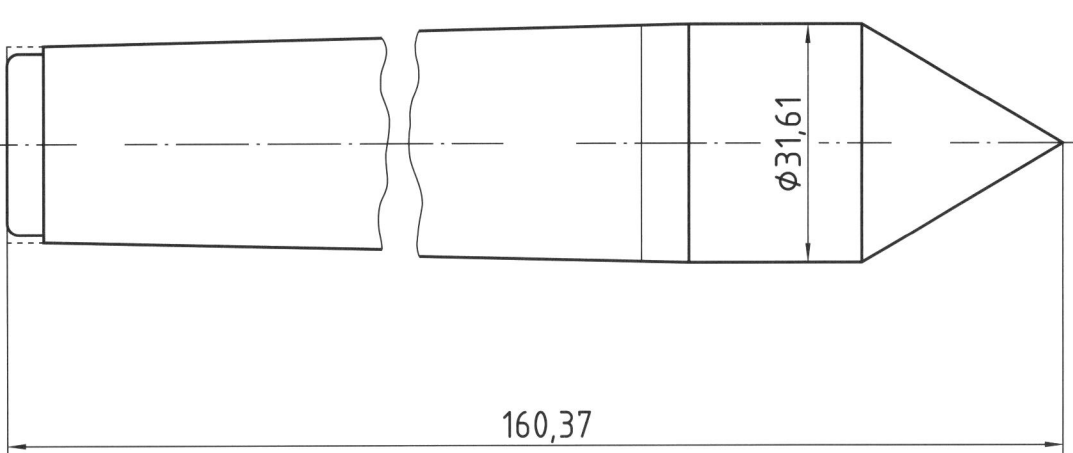

Zentrierspitze
M 1:1

Nebenrechnungen:

Morsekegel
gesucht: C und $\tan \frac{\alpha}{2}$

Zentrierspitze (60°-Spitze)
gesucht: Kegellänge L bzw. b

| Name | Klasse | Datum |

3 - 3a

Die Abbildungen zeigen einen Ventilkegel.
Suchen Sie in jeder Abbildung zwei Bemaßungsfehler und beschreiben Sie diese.
Alle Fehler beziehen sich auf die Kegelform des Werkstückes.

1) 1. Fehler: _____
   _____
   _____
   _____

   2. Fehler: _____
   _____
   _____
   _____

2) 1. Fehler: _____
   _____
   _____
   _____

   2. Fehler: _____
   _____
   _____
   _____

3) 1. Fehler: _____
   _____
   _____
   _____

   2. Fehler: _____
   _____
   _____
   _____

| Name | | Klasse | Datum |

Die pyramidenstumpfförmige Stütze hat eine quadratische Grund- und Deckenfläche.

Zeichnen Sie
a) in der Vorderansicht alle verdeckten Kanten ein,
b) die vollständige Draufsicht mit verdeckten Kanten.

Maße sind nicht einzutragen.

3 – 4

Pyramidenförmige Werkstücke

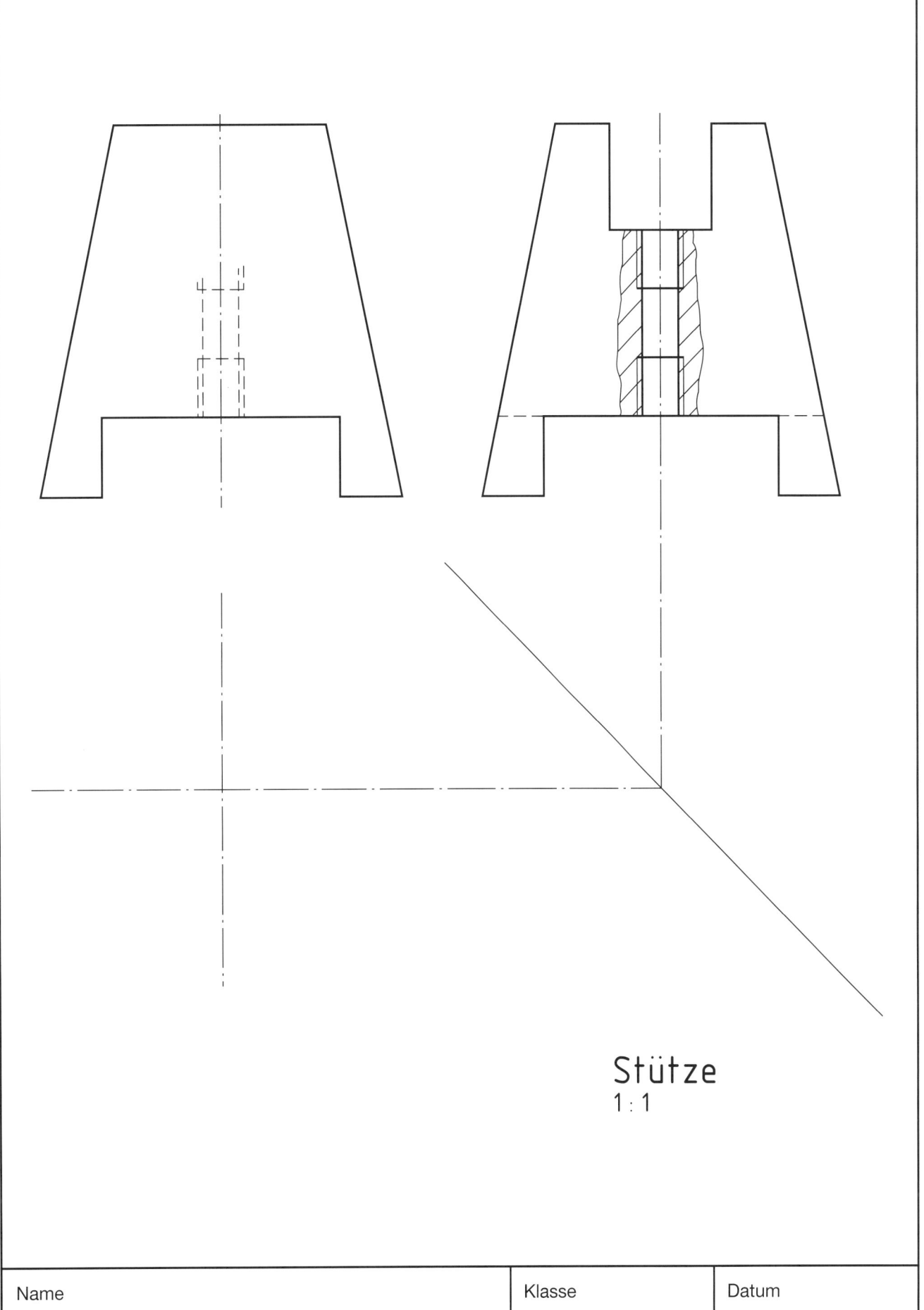

Stütze
1:1

3 – 4a

Aufgabe 1
Bemaßen Sie das in der Vorderansicht dargestellte pyramidenförmige Werkstück normgerecht. Grund- und Deckfläche des Werkstückes sind quadratisch. Tragen Sie auch das Symbol für die Verjüngungen ein.

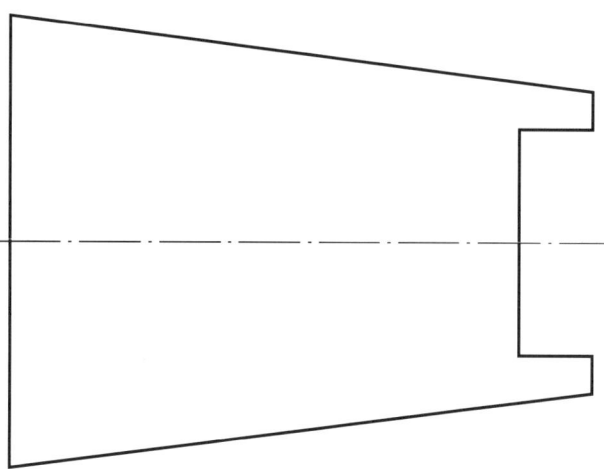

Aufgabe 2
Vervollständigen Sie die Bemaßung des Werkstückes mit den Maßen für die Abschrägung (Neigungs-Bemaßung). Tragen Sie auch das Symbol für die Neigung ein.

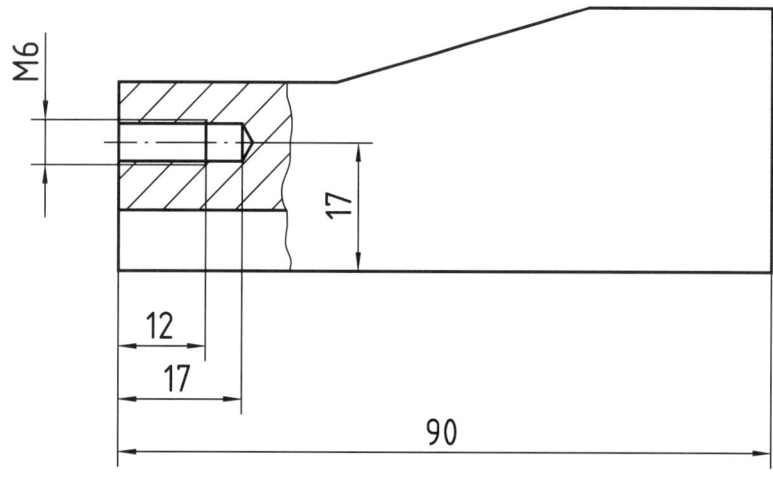
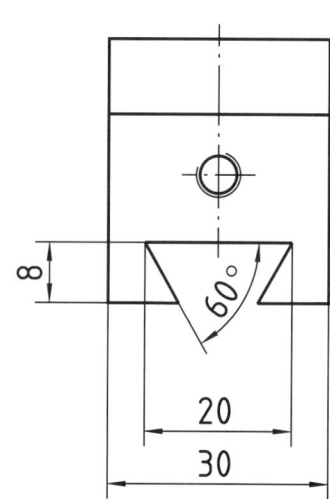

| Name | Klasse | Datum |

Die Teil-Zeichnung zeigt den Deckel des Stirnrädergetriebes.
Benutzen Sie die Zeichnung zum Bearbeiten der Arbeitsblätter 4 – 2, 4 – 3 und 5 – 1.
Beachten Sie auch die Zeichnung der Baugruppe auf der Rückseite.

4 – 1

Toleranzangaben

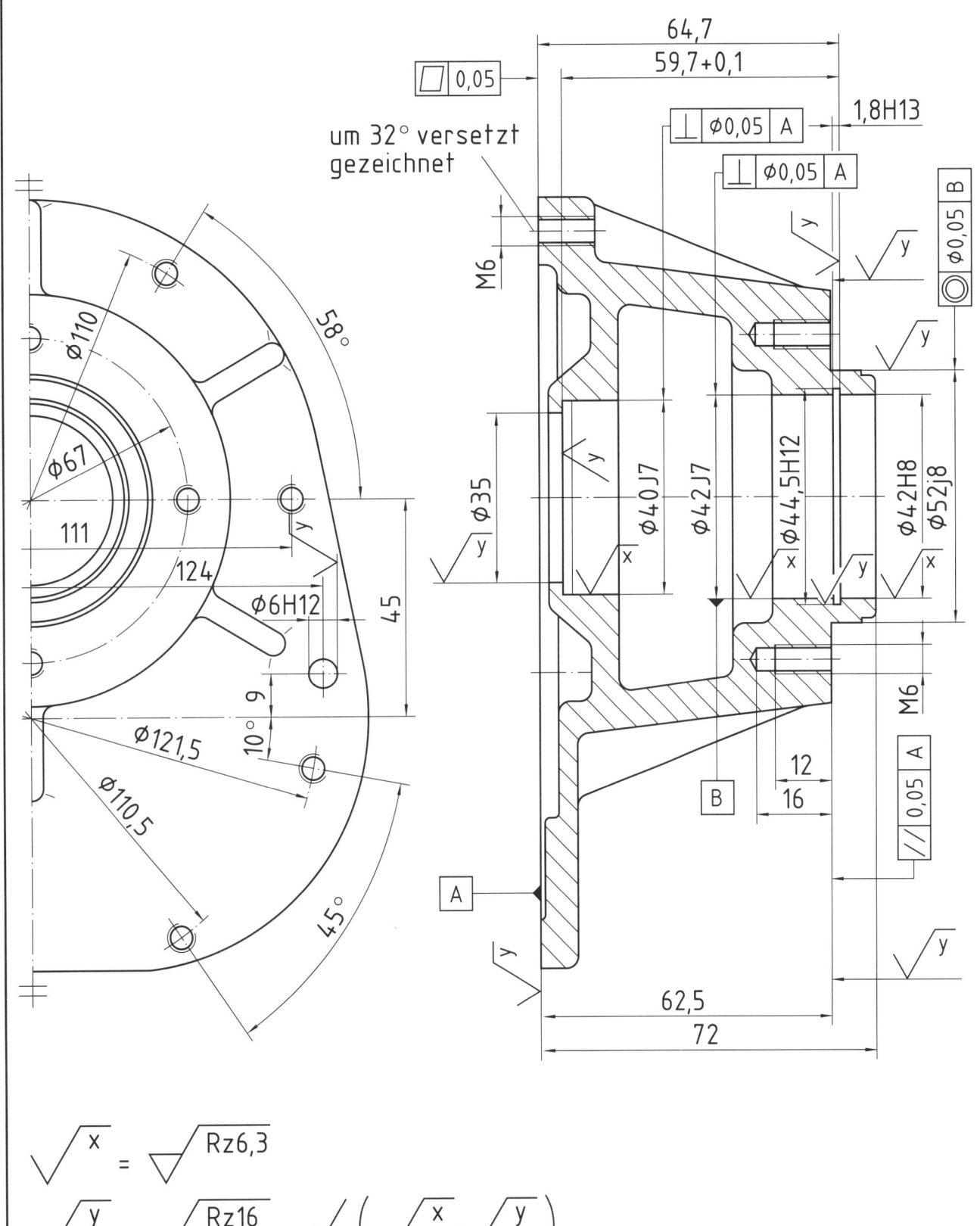

Freistiche DIN 509 – F 0,6 × 0,3

Lagerdeckel

unmaßstäblich gezeichnet

4 – 1a Die Zeichnung zeigt die Baugruppe Deckel.

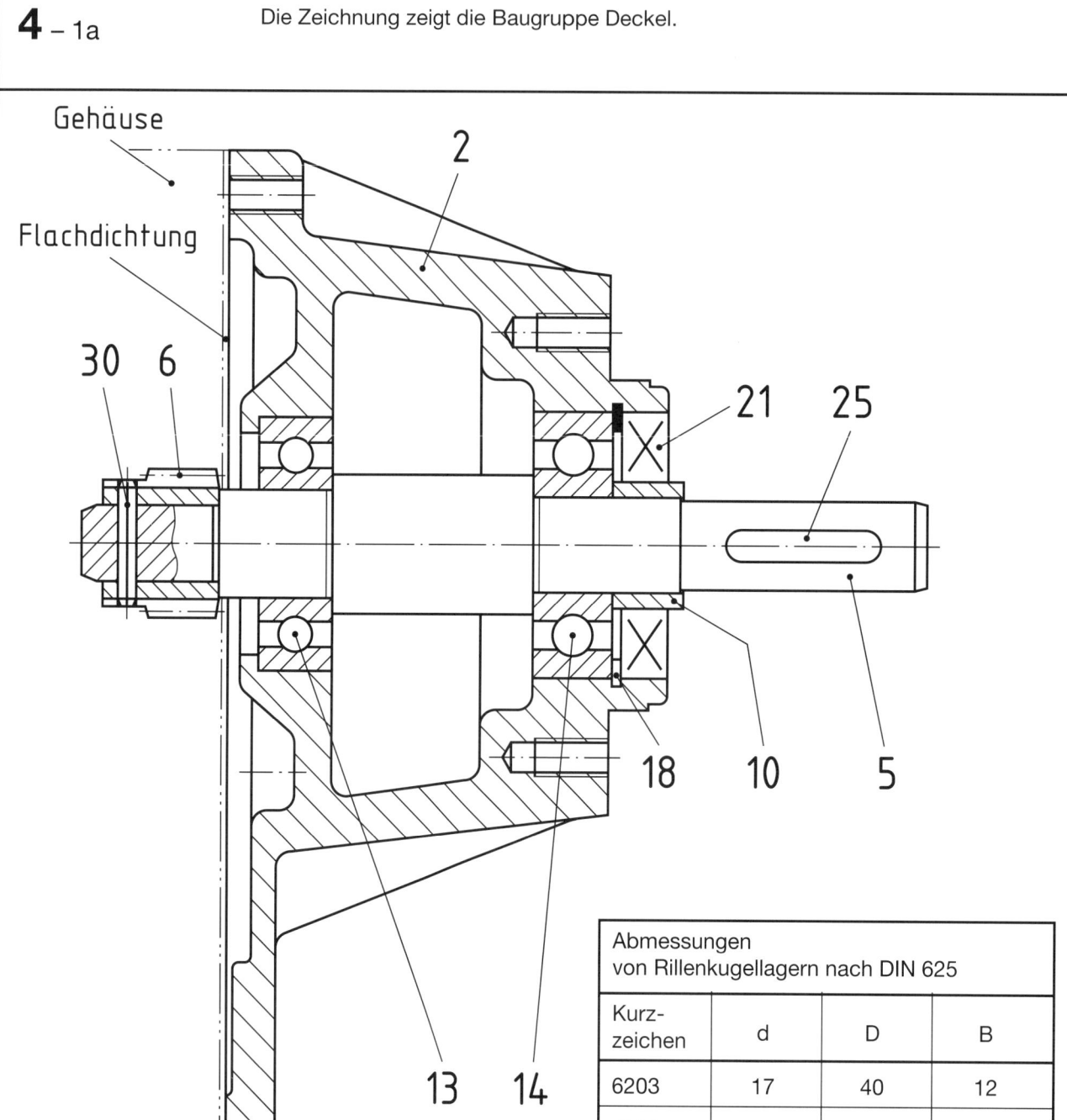

Abmessungen von Rillenkugellagern nach DIN 625			
Kurzzeichen	d	D	B
6203	17	40	12
6302	15	42	13

1	2	3	4	5	6
Pos.	Menge	Einh.	Benennung	Sachnummer/Norm-Kurzbezeichnung	Bemerkung
2	1	Stck.	Lagerdeckel	022.01.02	
5	1	Stck.	Antriebswelle	022.01.05	
6	1	Stck.	Ritzel	022.01.06	
10	1	Stck.	Buchse	022.01.10	
13	2	Stck.	Rillenkugellager	DIN 625-6203	
14	1	Stck.	Rillenkugellager	DIN 625-6302	
18	1	Stck.	Sicherungsring	DIN 472-42x1,75	
21	1	Stck.	Wellendichtring	DIN 3760-A20x42x7	NB
25	1	Stck.	Passfeder	DIN 6885-A5x5x25	E295
30	1	Stck.	Spannstift	ISO 8752-3x20	

Name		Klasse	Datum

4 – 2 Passungen

Bearbeiten Sie die nachstehenden Aufgaben zur Angabe von tolerierten Maßen in der Teil-Zeichnung Lagerdeckel (Arbeitsblatt 4 – 1).

1. Tragen Sie die in der Teil-Zeichnung tolerierten Maße in die Tabelle ein. Geben Sie die Form der Passflächen und die gefügten Teile mit ihrer Positionsnummer an.

toleriertes Maß	Passflächenform	gefügte Teile
52j8		

2. Erstellen Sie die Abmaßtabelle sowie die Übersetzungstabelle für die tolerierten Maße.

52j8	
Nennmaß Tol.-Klasse	Abmaße in µm

52j8		
Nennmaß Tol.-Klasse	Höchstmaße	Mindestmaße

3. Tragen Sie die Maßtoleranzen in ein Säulendiagramm ein.

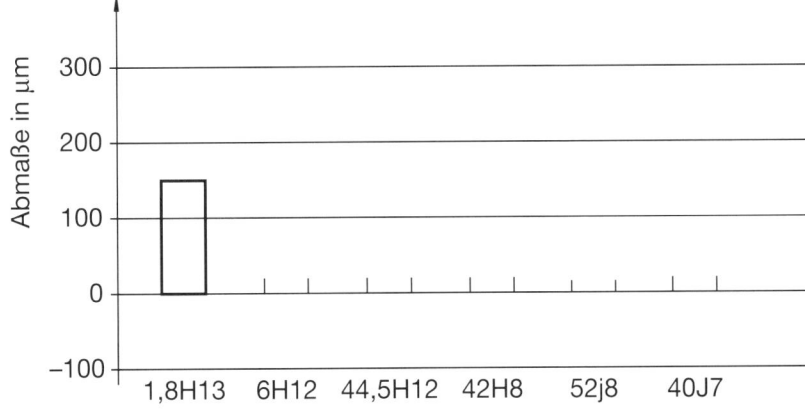

Name | Klasse | Datum

4 – 2a

Bearbeiten Sie die untenstehenden Aufgaben.

1. Tragen Sie in die Teil-Zeichnung der Antriebswelle die Maße mit einer Toleranzangabe durch Toleranzklassen ein.
   Legen Sie die Maße unter Beachtung der Gruppen-Zeichnung Deckel (Arbeitsblatt 4 – 1) und mit Hilfe des Tabellenbuches fest. Die Wellenenden erhalten die Toleranzklasse j6.

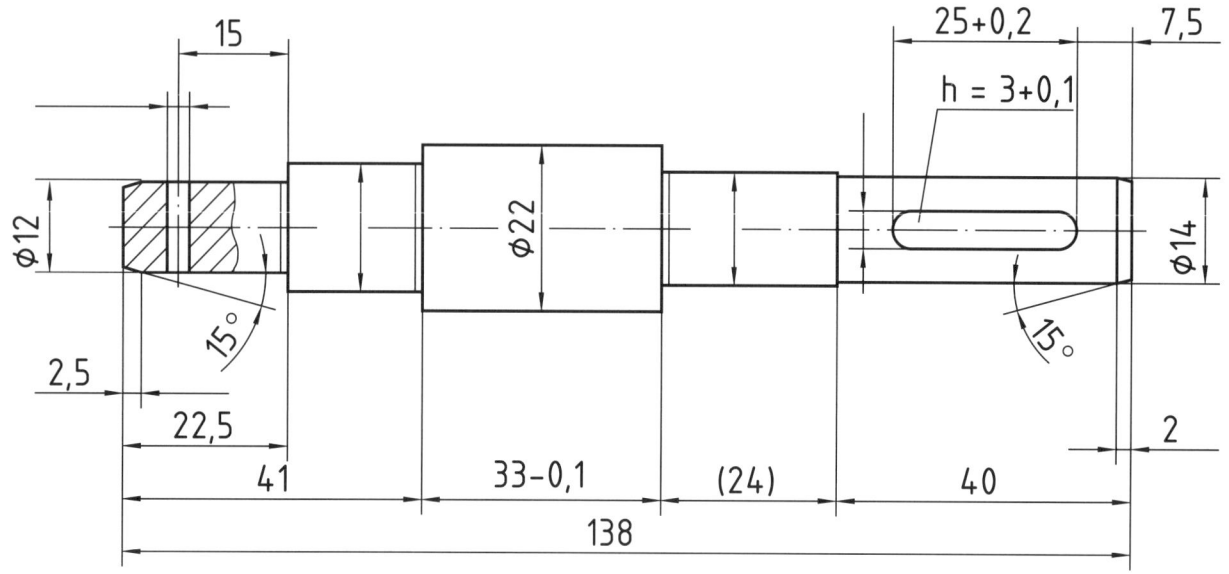

Antriebswelle M 1:1

2. Als Lauffläche für den Wellendichtring wird eine Buchse auf die Welle aufgepresst, deren Bohrung die Toleranzklasse K7 hat.
   Tragen Sie die Toleranzklassen für die gefügten Teile ein. Bestimmen Sie die Passungsart. Zeichnen Sie dazu die Maßtoleranzen in ein Diagramm ein und geben Sie das vorhandene Spiel bzw. Übermaß an.

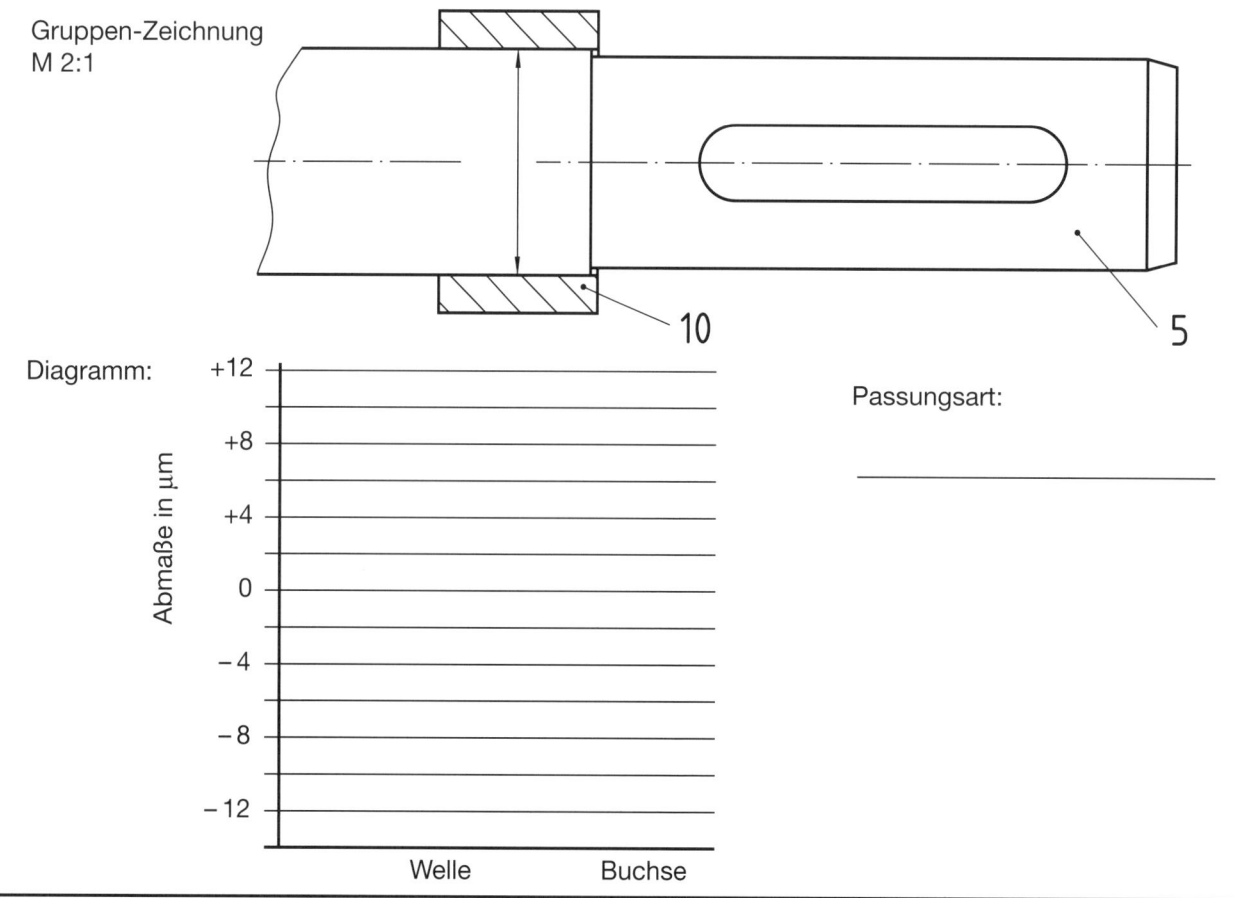

Name		Klasse	Datum

Analysieren Sie die in der Teil-Zeichnung des Lagerdeckels angegebenen Form- und Lagetoleranzen. Vervollständigen Sie dazu die Tabelle.

4–3
Form- und Lagetoleranzen

Toleranzangabe	tolerierte Eigenschaft	toleriertes Element	Toleranzzone	Bezug	Toleranz	Bezugselement
▱ 0,05				✕		✕
⊥ ⌀0,05 A				Dichtfläche des Lagerdeckels		Istoberfläche der Dichtfläche
◎ ⌀0,05 B						
∥ 0,05 A						

Name	Klasse	Datum

4 – 3a

geometrical tolerances

In the component drawing of the bearing cover analyse the specified geometrical tolerances by completing the table.

tolerance specification	reference element	tolerance	reference	tolerance zone	tolerated element	tolerated property
⬜ 0,05	✗					
⟂ ⌀0,05 A	actual surface of the sealing surface					
◎ ⌀0,05 B			✗			
∥ 0,05 A			sealing surface of the bearing cover			

name | class | date

Untersuchen Sie die angegebenen Lagetoleranzen an den Normteilen.
Geben Sie für jedes Normteil den Bezug sowie das Bezugselement an, auf welches sich die angegebene Lagetoleranz bezieht.

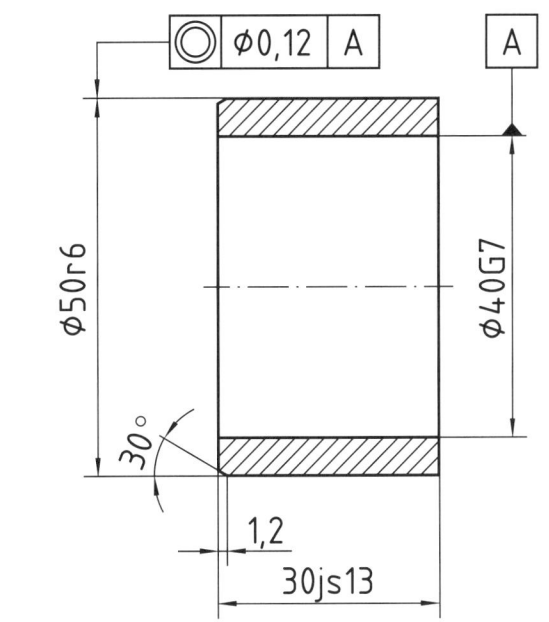

4 – 4

Lagetoleranzen

Buchse DIN 1850 - S 40 A 30 - PE

Bezug:

Bezugselement:

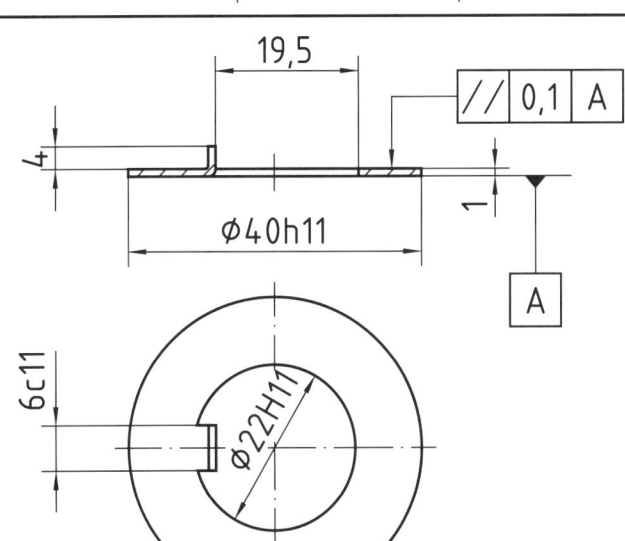

Sicherungsblech DIN 462 - 22

Bezug:

Bezugselement:

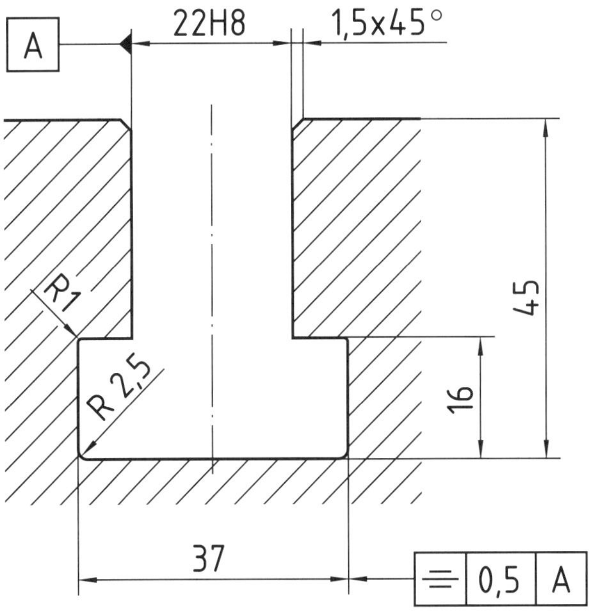

T-Nut DIN 650 - 22 H8

Bezug:

Bezugselement:

Name	Klasse	Datum

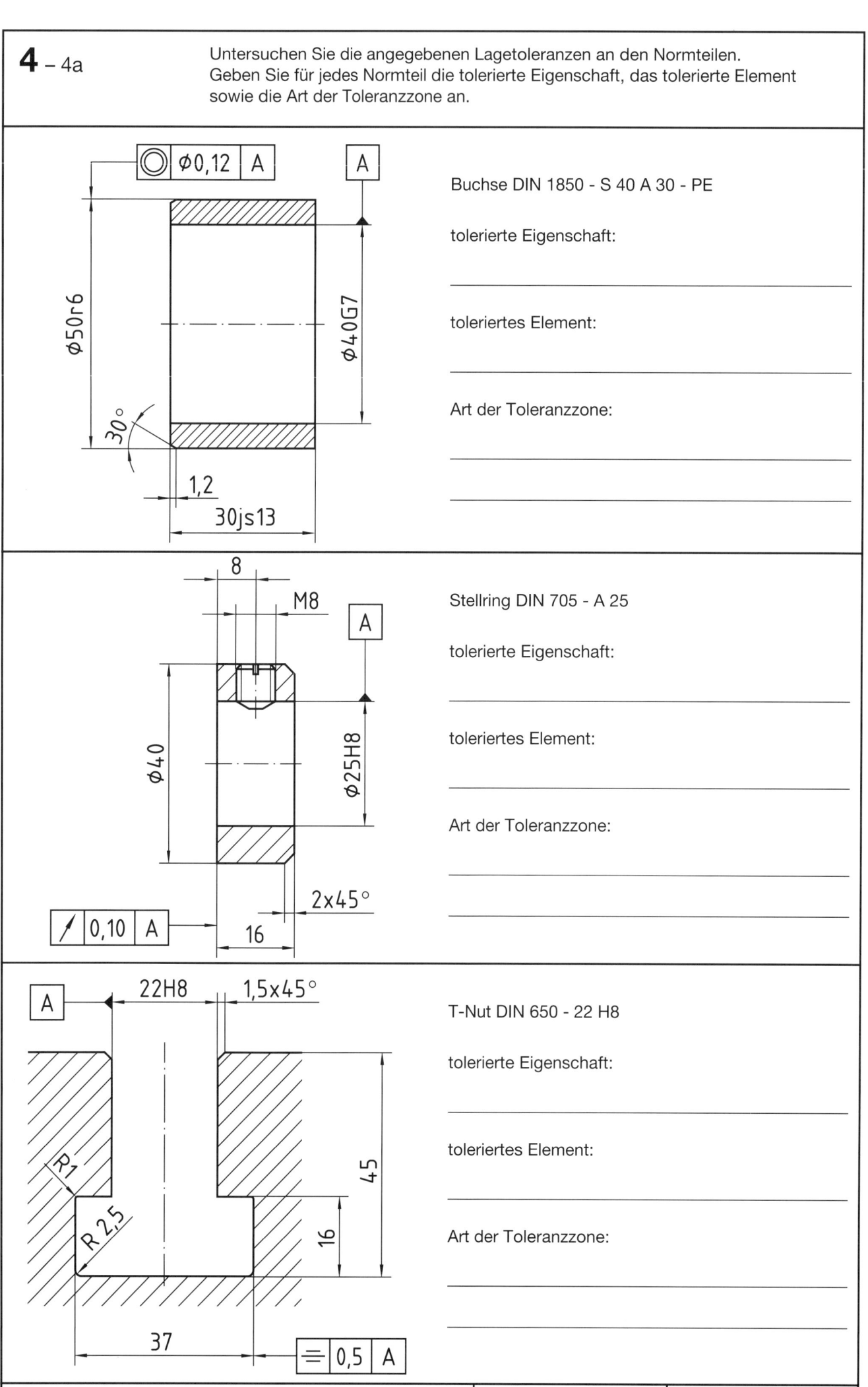

Bei der Fertigung von Nuten für Sicherungsringe in Bohrungen nach DIN 472 sind bestimmte Form- und Lagetoleranzen einzuhalten.
Tragen Sie die Lagetoleranzen für die Nut in die Zeichnung des Lagerdeckels ein:
- Nutgrund mit einer Rundlauftoleranz von 0,18 mm,
- Nutwandung mit einer Rechtwinkligkeitstoleranz von 0,02 mm und mit einer Planlauftoleranz von 0,12 mm,
- Bezug ist die Bohrungsachse für das gesicherte Bauteil (Pos. 14).

4 – 5

Form- und Lagetoleranzen

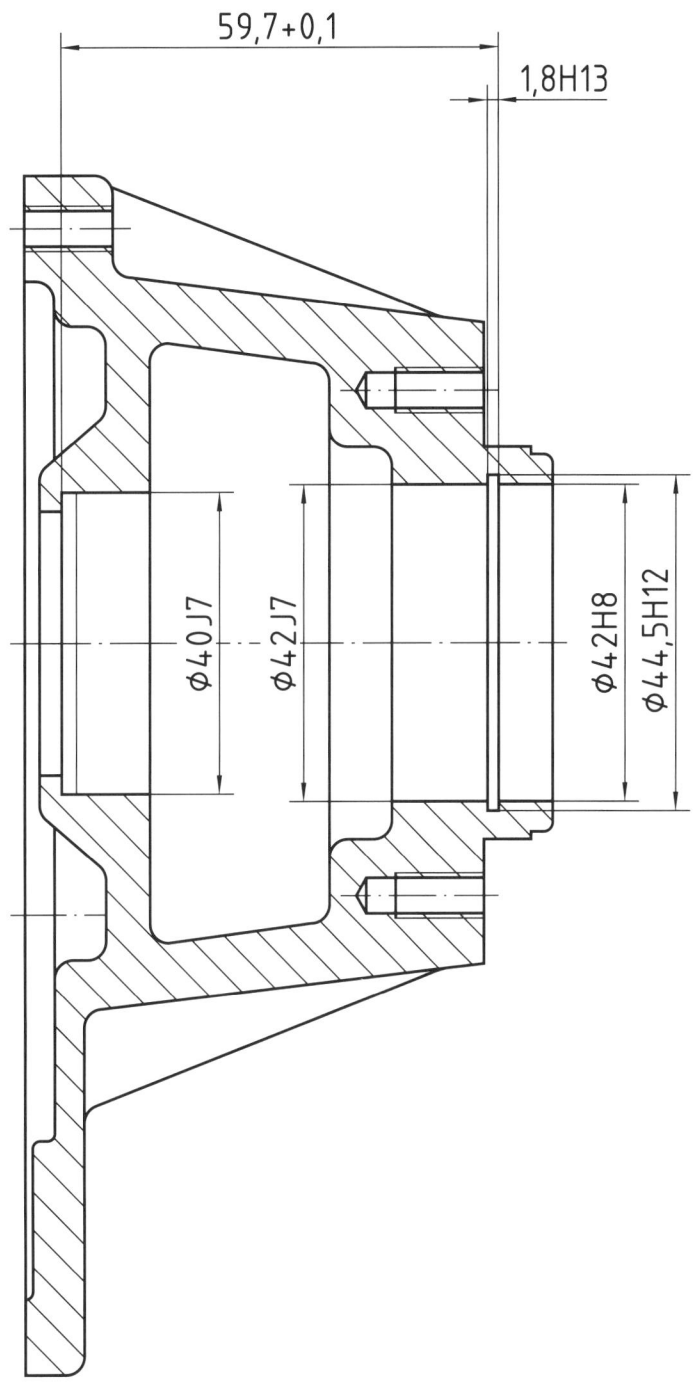

Lagerdeckel
M1:1

| Name | | Klasse | Datum |

Das Flanschstirnrad (Pos. 35) sitzt auf der Abtriebswelle des Stirnrädergetriebes.
Für das Drehen und Bohren des Flanschstirnrades liegt eine Teil-Zeichnung vor.
In der Teil-Zeichnung sind sechs Maße entsprechend ihrer Funktion zusätzlich zu kennzeichnen:
– als **theoretisch genaue Maße**, die Lagemaße für die mit einer Positionstoleranz versehenen Bohrungen,
– als **Prüfmaße**, die Durchmessermaße mit einer Toleranzangabe durch Toleranzklassen,
– als **Hilfsmaße**, einige Längenmaße für das Drehen des Rohlings.
Nehmen Sie die Kennzeichnung normgerecht vor.

4 – 6

Kennzeichnung von Maßangaben

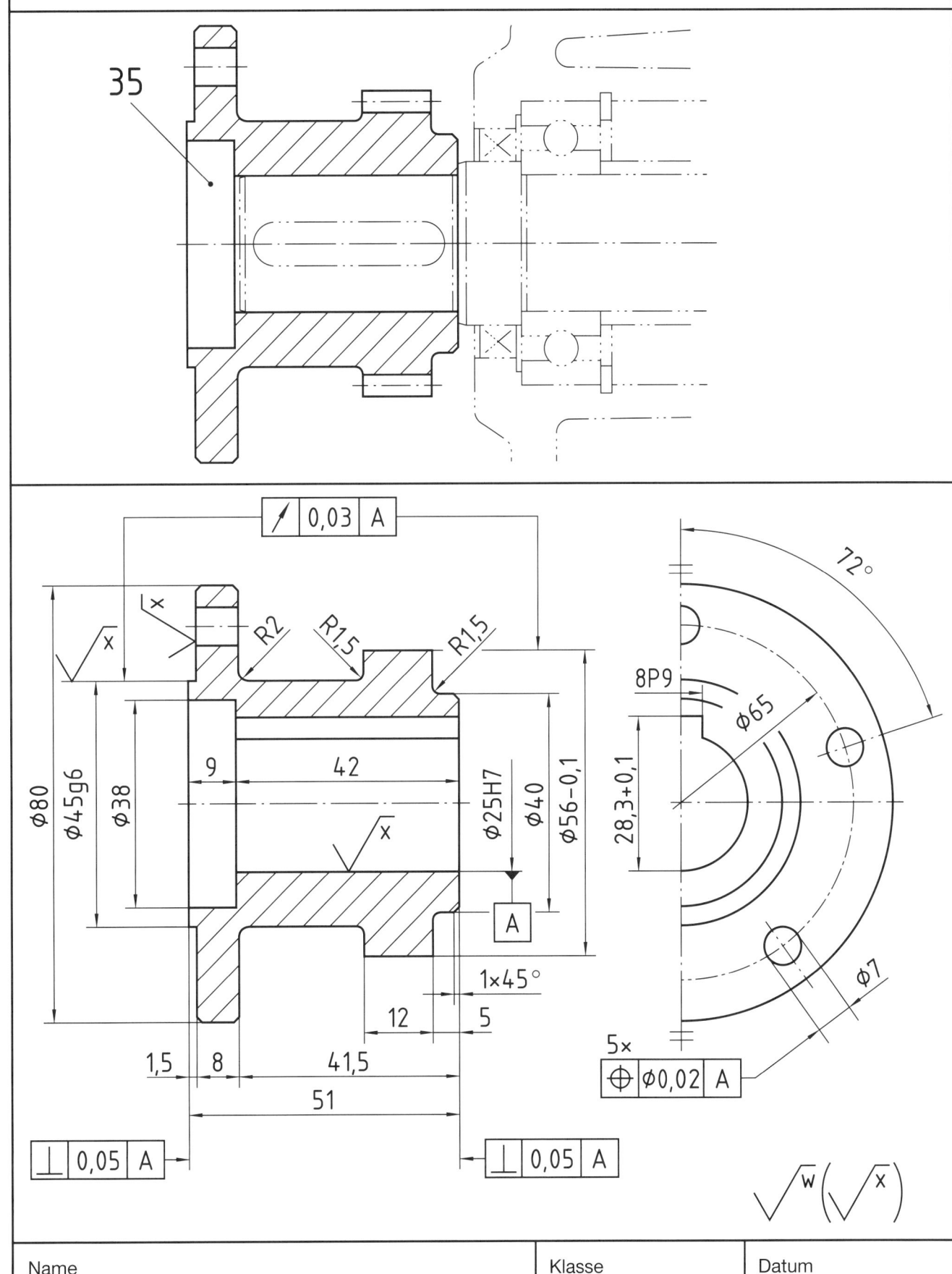

4 – 6a Erläutern Sie die Bedeutung der Maßkennzeichnung in der Teil-Zeichnung Kupplungsscheibe.

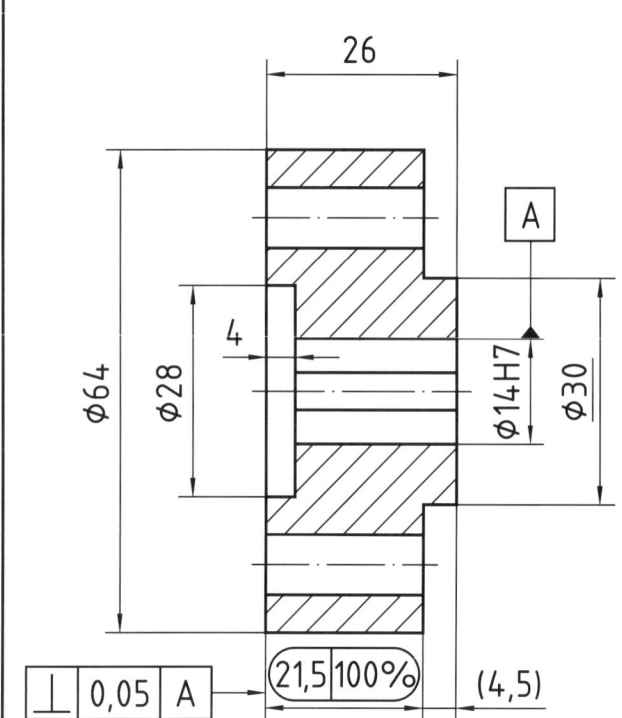
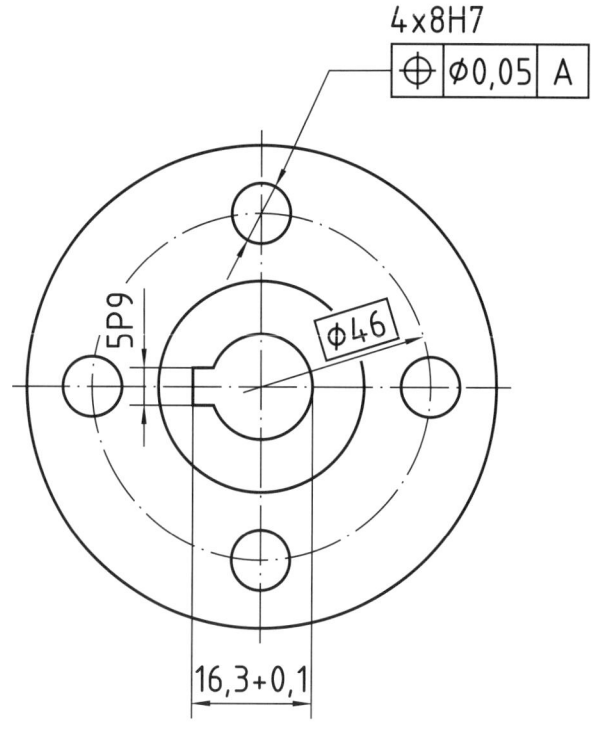

Kupplungsscheibe

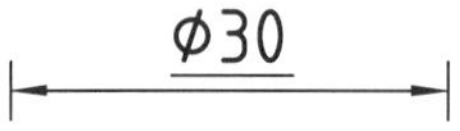

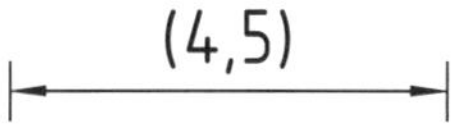

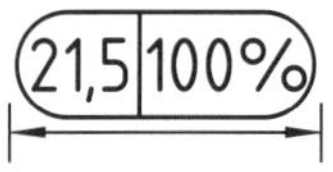

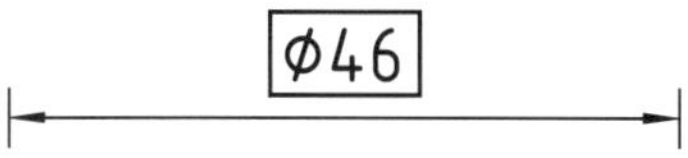

| Name | Klasse | Datum |

Ordnen Sie die in der Teil-Zeichnung des Lagerdeckels (Arbeitsblatt 4 – 1) angegebenen Oberflächenzeichen den entsprechenden Flächen in den Perspektiven zu.
Kennzeichen Sie jeweils die spanend bearbeiteten Flächen.
Nehmen Sie die Zuordnung der Oberflächenzeichen mit Hilfe von Bezugslinien vor.

5 – 1

Oberflächen-
kennzeichnung

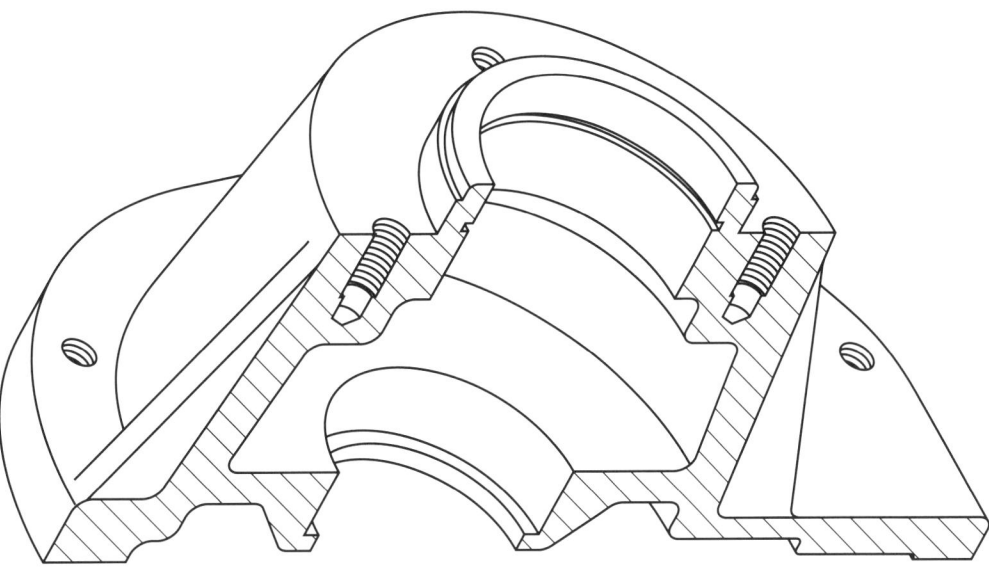

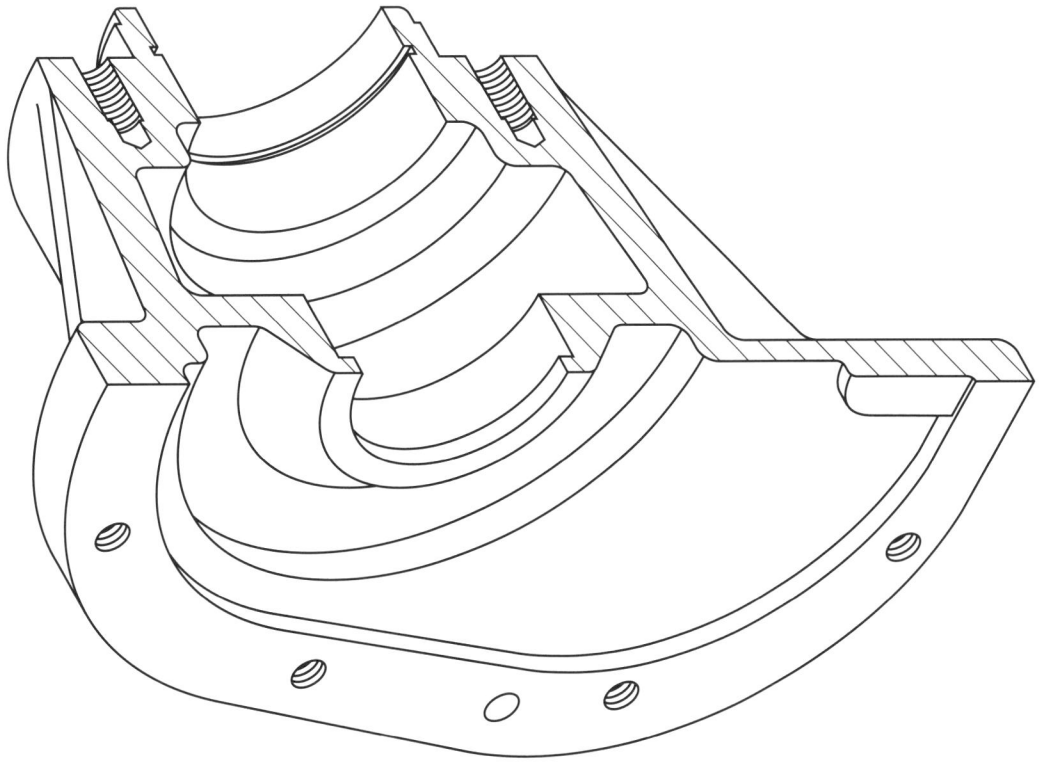

| Name | Klasse | Datum |

Erläutern Sie die mit Zahlen gekennzeichneten Angaben in der Teil-Zeichnung zur Maßbeschichtung und zur Oberflächenbeschaffenheit der Laufrolle.

5 – 2

Maßbeschichtung

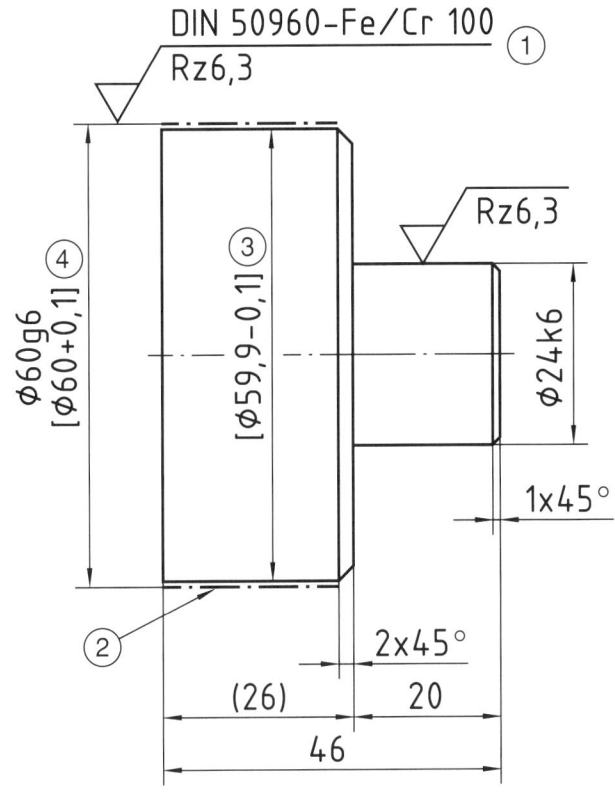

Erklärungen:

① _____

② _____

③ _____

④ _____

⑤ _____

| Name | Klasse | Datum |

5 – 2a	In the component drawing of the coating and surface texture of the roller, explain the specifications marked with numbers.
dimensioned coating	

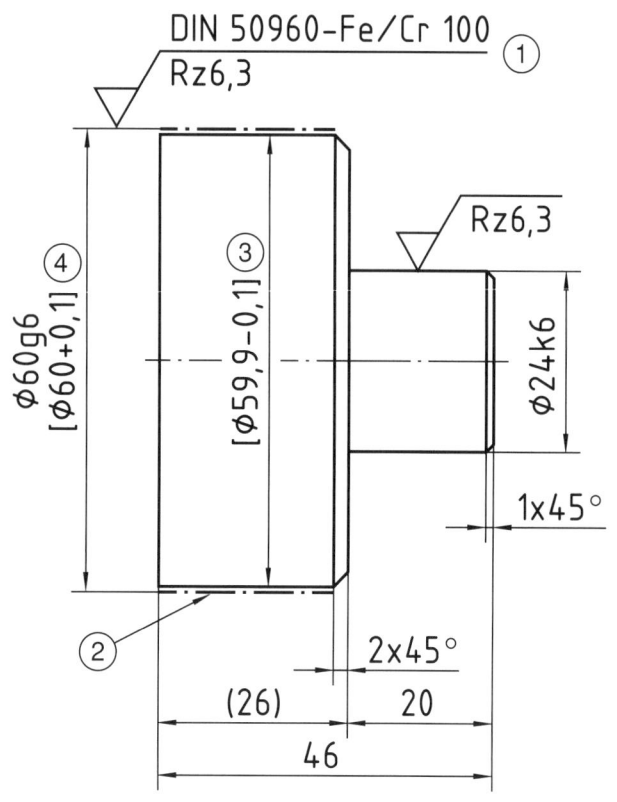

roller

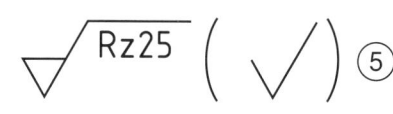

Explanations:

① _____

② _____

③ _____

④ _____

⑤ _____

name	class	date

Zeichnen Sie die Buchse Pos.10 aus 17Cr3 im Maßstab 2:1 und tragen Sie die Maße, die Angaben zur Oberflächenbeschaffenheit sowie die Angaben zur Wärmebehandlung in die Teil-Zeichnung ein.

5 – 3

Härteangaben

Perspektive der Buchse:

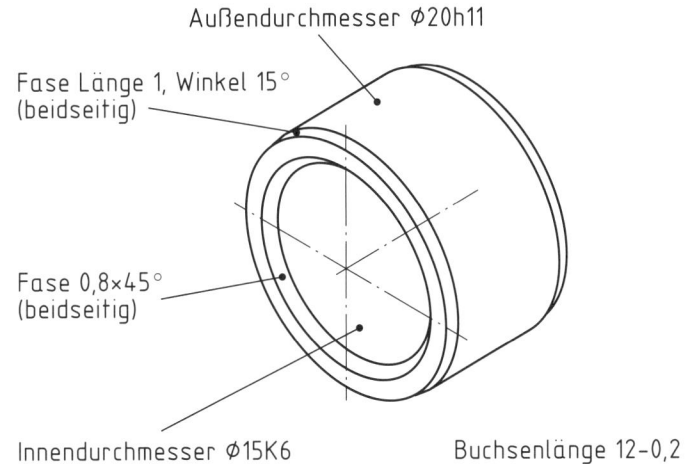

- Außendurchmesser ⌀20h11
- Fase Länge 1, Winkel 15° (beidseitig)
- Fase 0,8×45° (beidseitig)
- Innendurchmesser ⌀15K6
- Buchsenlänge 12-0,2

Oberflächenbeschaffenheit:
Äußere Zylindermantelfläche geschliffen mit Rz4, alle anderen Oberflächen sollen eine gemittelte Rautiefe von 16 µm erhalten.

Härteangaben:
Die äußere Zylindermantelfläche soll einsatzgehärtet werden mit einer Rockwellhärte von 62+3 HRC, die Einsatzhärtungstiefe soll 0,8+0,4 mm betragen.

		ISO 2768 - m	ISO 1302	Maßstab	(Gewicht)
			Datum	Name		
			Bearb.			
			Gepr.			
			Norm			
			Abt.			
						Blatt
		westermann			Bl.
Zust.	Änderung	Datum	Name	Ursprung	Ersatz für:	Ersetzt durch:

5 – 3a

Erklären Sie die Härteangaben der jeweiligen Wärmebehandlungsbilder von Zahnrädern.

Wärmebehandlungsbilder	Erklärungen
1) einsatzgehärtet und angelassen 60 + 4 HRC Eht = 0,5 + 0,3	**wärmebehandelter Bereich:** **Härtewerte:**
2) einsatzgehärtet und angelassen 58 + 4 HRC Eht = 1,2 + 0,6	**wärmebehandelter Bereich:** **Härtewerte:**
3) einsatzgehärtet und angelassen 720 + 80 HV 50 Eht = 0,6 + 0,3	**wärmebehandelter Bereich:** **Härtewerte:**
4) Messstelle für Rht randschichtgehärtet, ganzes Teil angelassen 55 + 6 HRC Rht 500 = 1 + 1	**wärmebehandelter Bereich:** **Härtewerte:**

Name		Klasse	Datum

Ergänzen Sie die Bemaßung für die Freistiche und die Zentrierbohrungen in ausführlicher Darstellung.

Die Maße sind mit Hilfe des Tabellenbuches zu bestimmen.

6 – 1

Zentrierbohrungen/ Freistiche

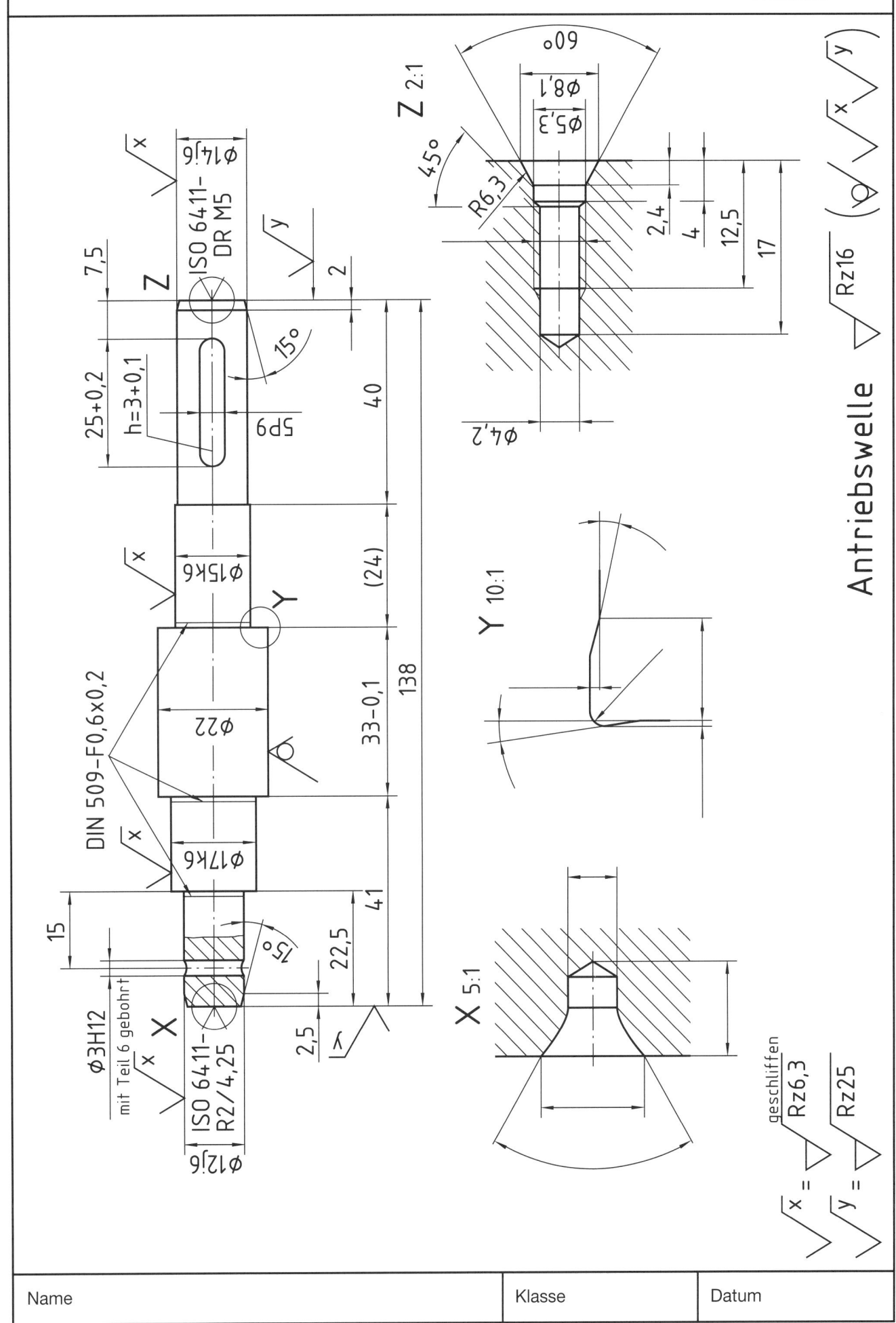

Antriebswelle

6 – 1a

Bestimmen Sie mit Hilfe des Tabellenbuches die Maße für die Formelemente und tragen Sie die Maße in die ausführliche Darstellung ein.
Stellen Sie die Formelemente auch vereinfacht dar.

ausführliche Darstellung	vereinfachte Darstellung
1. Freistich für zwei zu bearbeitende Flächen — Ø19g6 — Z 5:1	
2. Zentrierbohrung mit gewölbten Laufflächen ohne Schutzsenkung, die vom Fertigteil abgetrennt wird — Ø15k6 — Z 2:1 — R8, Ø2,5	Ø15k6
3. Zentrierbohrung mit geraden Laufflächen ohne Schutzsenkung, die am Fertigteil verbleiben kann — Ø12g6 — Z 5:1 — Ø1,6	Ø12g6
4. Zentrierbohrung mit Gewinde Form DR am fertigen Teil erforderlich — Ø21k6 — Z 2:1 — 45°, R10, Ø6,8, M8, Ø8,4, Ø13,2, 60°, 3,8, 6, 19, 25	Ø21k6

Name	Klasse	Datum

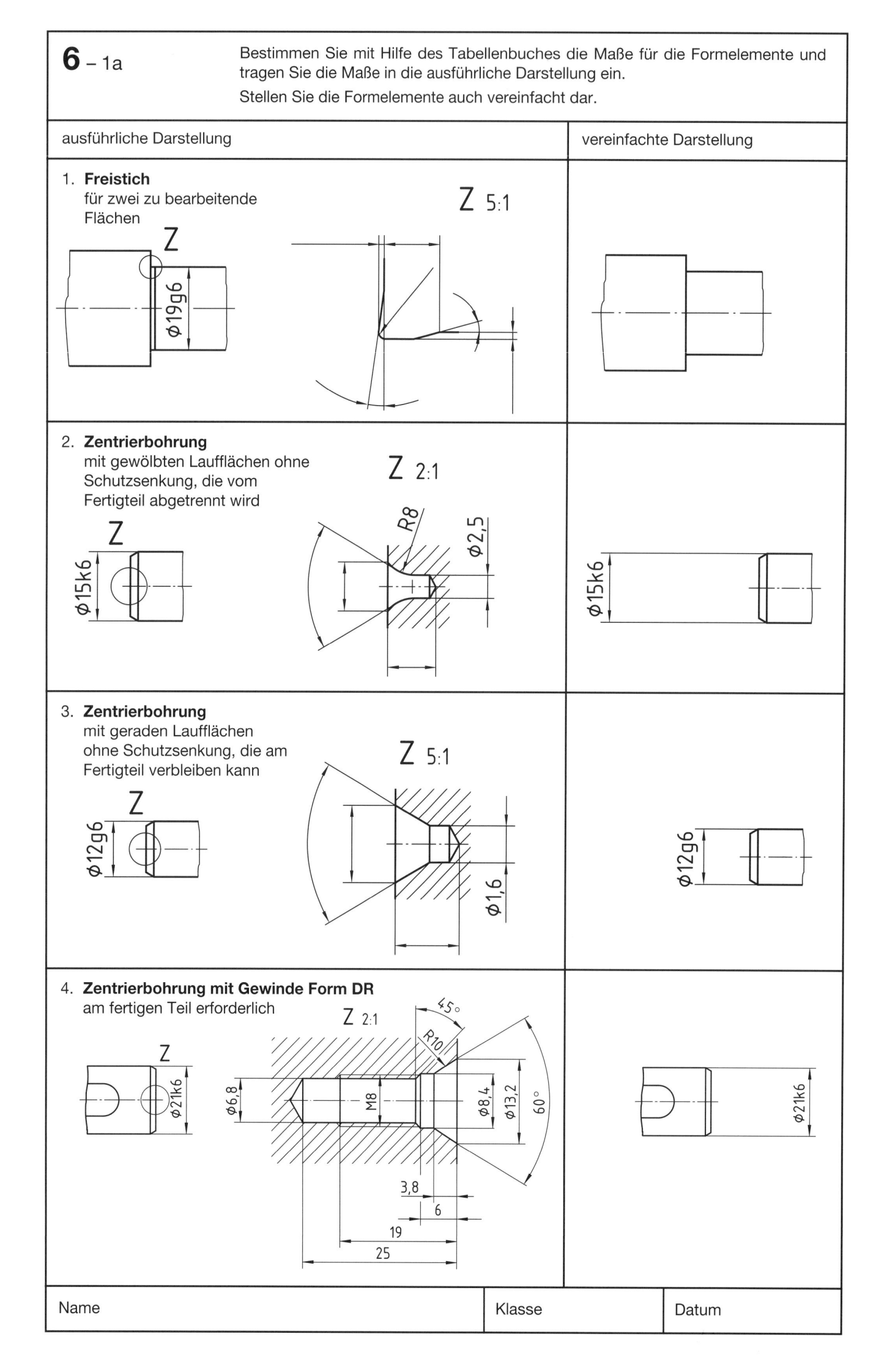

Zeichnen und bemaßen Sie die beiden Schnitte durch die Hohlwelle. Die Maße und die Toleranzen für die Formelemente können Sie mit Hilfe des Tabellenbuches bestimmen.
Angaben zu den Formelementen:
- Hohlwelle mit einer durchgehenden Nabennut für eine Passfeder DIN 6885 - A (fester Sitz),
- geschlossene Nut für eine Passfeder DIN 6885 - A (fester Sitz),
- Durchgangsbohrung durch eine Hälfte der Hohlwelle für Zylinderstift DIN 7 - 5m6,
- Nuten für Sicherungsringe nach DIN 471 bzw. DIN 472.

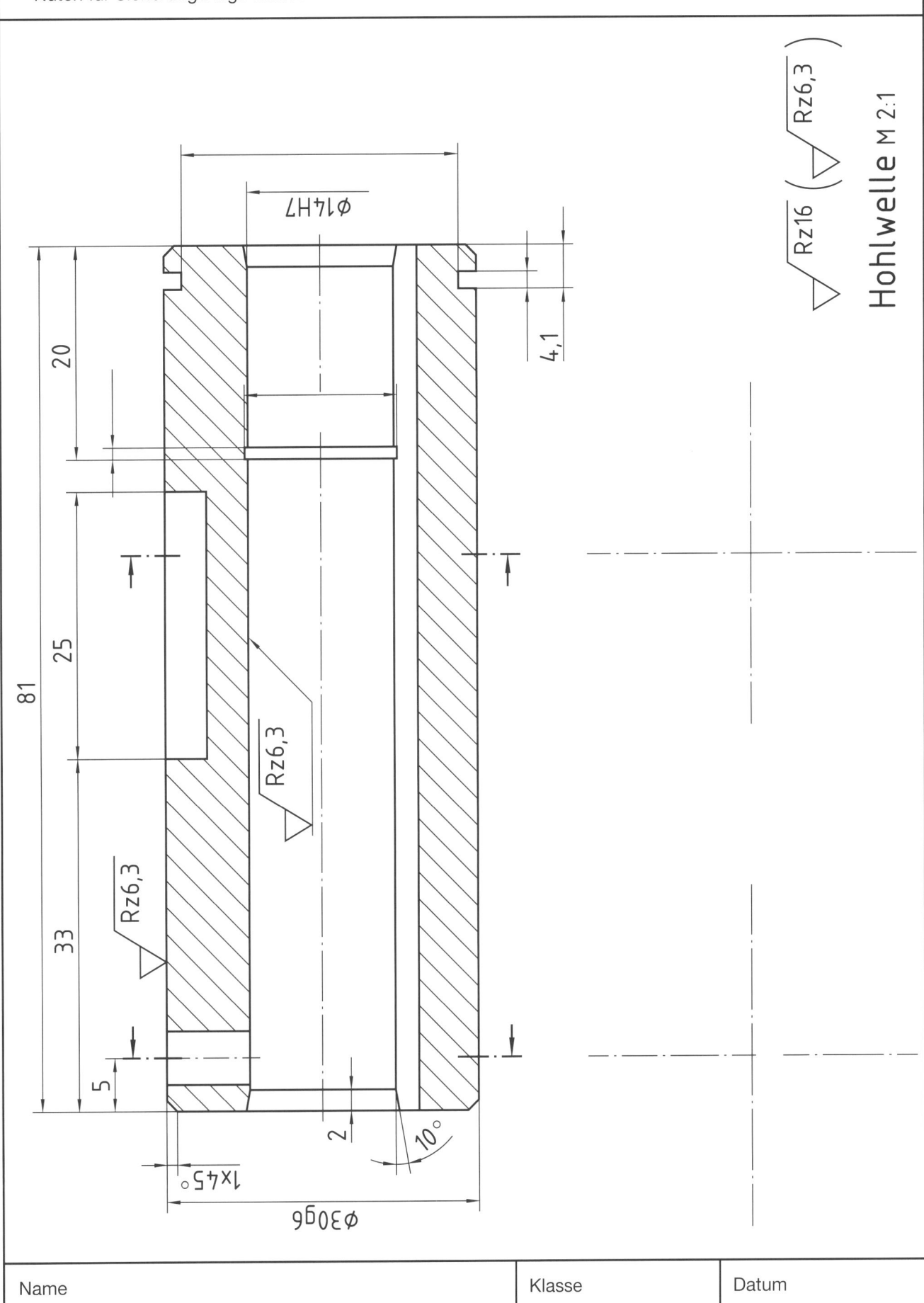

6 – 2
Passfedernuten

6 – 2a

Bearbeiten Sie die nachstehenden Aufgaben zur Darstellung und Bemaßung von Nuten für Passfedern in Wellen.

1. geschlossene Wellennut

a) Ermitteln Sie mit Hilfe des Tabellenbuches die Maße für die Nut und tragen Sie die Maße in die nebenstehende Darstellung vereinfacht ein.
Passfeder DIN 6885 - A 10x8x28
(leichter Sitz)

b) Tragen Sie die Maße auch in die ausführliche Darstellung ein.

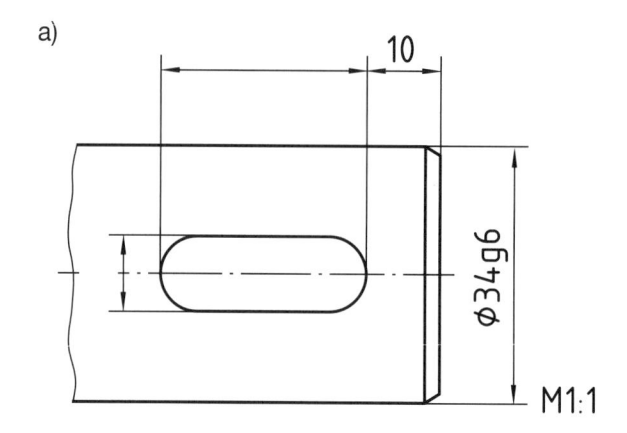

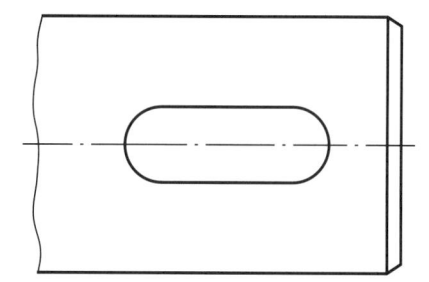

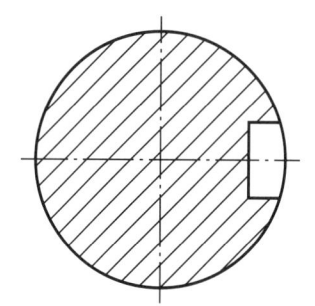

2. offene Wellennut

a) Ermitteln Sie mit Hilfe des Tabellenbuches die Maße für die Nut und tragen Sie die Maße in die nebenstehende Darstellung vereinfacht ein.
Passfeder DIN 6885 - B 5x5x16
(fester Sitz)

b) Tragen Sie die Maße auch in die ausführliche Darstellung ein.

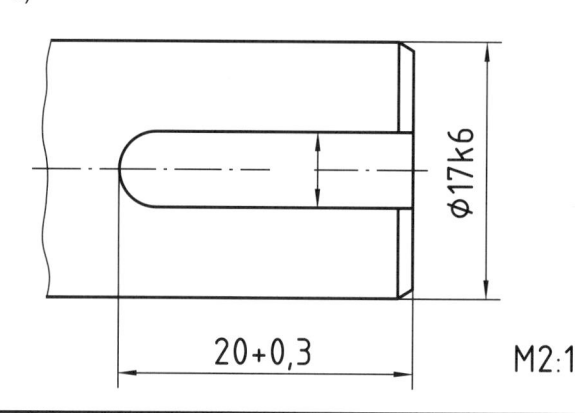

| Name | Klasse | Datum |

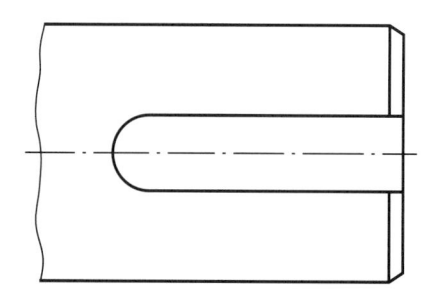

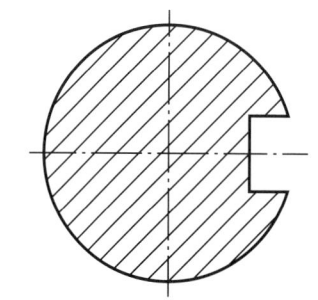

Kennzeichnen Sie in der Teil-Zeichnung die Gewindefreistiche (Regelfall, α = 30°) und den Links-Rechts-Rändel (Spitzen erhöht, Teilung 1,2 mm).
Zeichnen und bemaßen Sie die Gewindefreistiche als Einzelheit im Maßstab 5:1.
Die erforderlichen Angaben können Sie einem Tabellenbuch entnehmen.

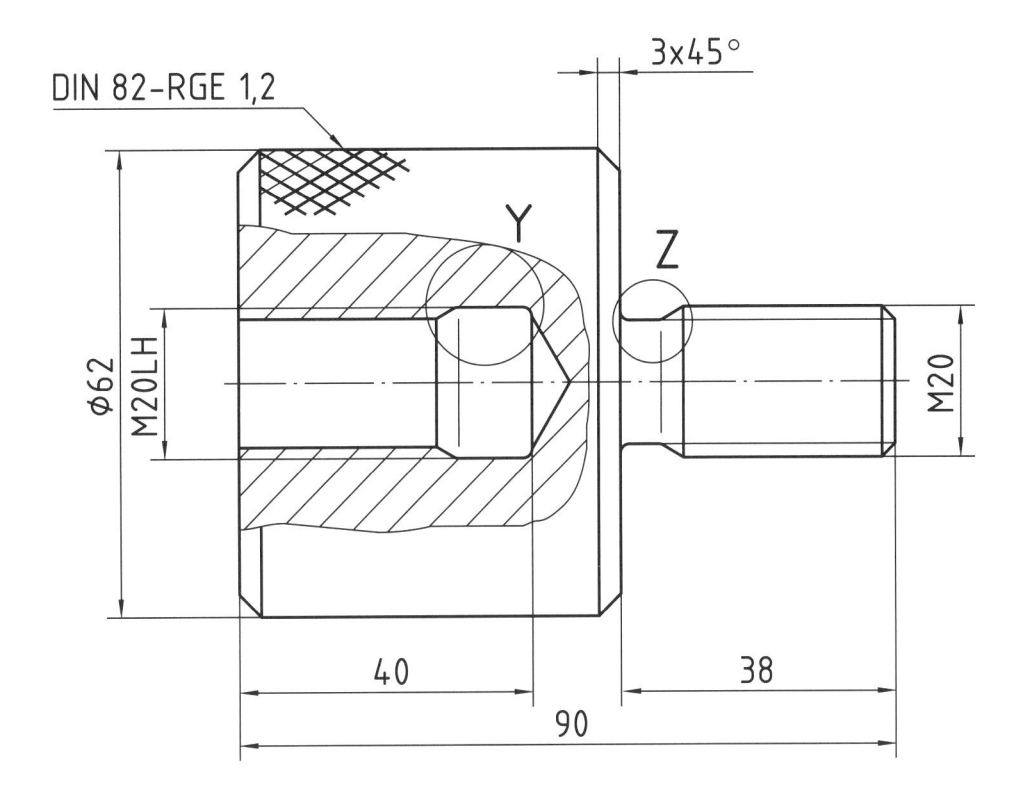

6 – 3
Rändel, Gewindefreistiche

Y 5:1

Z 5:1

Rz25

Gewindestück

| Name | | Klasse | Datum |

Zeichnen Sie den Deckel in Vorderansicht im Schnitt. Die Senkungen sind auf einem halben, herausgeklappten Lochkreis darzustellen (Maßstab 1:1).
Das Werkstück ist vollständig zu bemaßen. Die Kantenzustände sind anzugeben.

6 – 4

Kanten-
zustände

Kantenzustände:
alle Innenkanten Übergang,
Kantenmaß 0,5 mm,
alle Außenkanten gratfrei,
Kantenmaß 0,5 mm.

Oberflächenbeschaffenheit:
äußerer Zylindermantel unbearbeitet,
Ausdrehung, Bohrung und kleinere
Planfläche gemittelte Rautiefe Rz16,
alle anderen Flächen Rz63.

Deckel
Außendurchmesser 85
Dicke 17

Lochkreis
Durchmesser 67

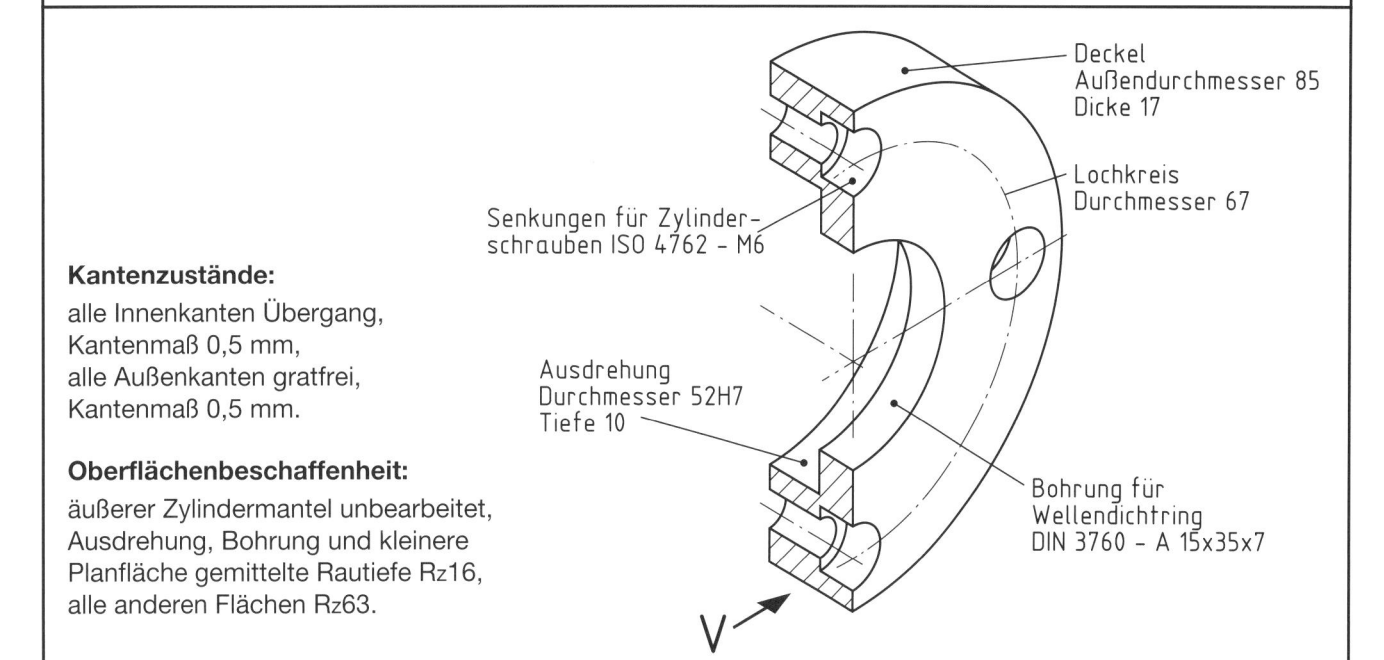

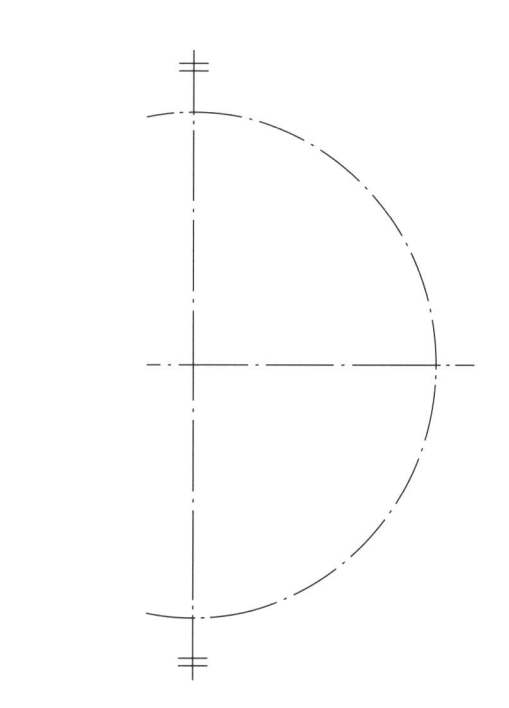

Senkungen für Zylinder-
schrauben ISO 4762 – M6

Ausdrehung
Durchmesser 52H7
Tiefe 10

Bohrung für
Wellendichtring
DIN 3760 – A 15x35x7

Deckel

Name | Klasse | Datum

6 – 4a

Ermitteln Sie die nach dem Symbol zulässigen Kantenformen. Kreuzen Sie die jeweils zulässigen Kantenformen an (mehrere Lösungen möglich).

Außenkanten	bildliche Darstellung von Werkstückkanten
1) ⌐−0,5	a) ☐ b) ☐ c) ☐ d) ☐ e) ☐
2) ⌐+0,5	a) ☐ b) ☐ c) ☐ d) ☐ e) ☐
3) +0,5	a) ☐ b) ☐ c) ☐ d) ☐ e) ☐
4) ⌐+0,5	a) ☐ b) ☐ c) ☐ d) ☐ e) ☐

Innenkanten	bildliche Darstellung von Werkstückkanten
1) ⌐+0,5	a) ☐ b) ☐ c) ☐ d) ☐ e) ☐
2) ⌐−0,5	a) ☐ b) ☐ c) ☐ d) ☐ e) ☐
3) −0,5	a) ☐ b) ☐ c) ☐ d) ☐ e) ☐
4) ⌐−0,5	a) ☐ b) ☐ c) ☐ d) ☐ e) ☐

Name		Klasse	Datum

Zeichnen Sie das Ritzel Pos. 6 aus 16MnCr5 in Vorderansicht und Seitenansicht jeweils im Schnitt (Schnitt durch die Stiftbohrung) im Maßstab 2:1.
Tragen Sie die Maße, die Angaben zur Oberflächenbeschaffenheit, die Form- und Lagetoleranzen sowie die Angaben zur Wärmebehandlung in die Teil-Zeichnung ein.

6 – 5

Zahnräder

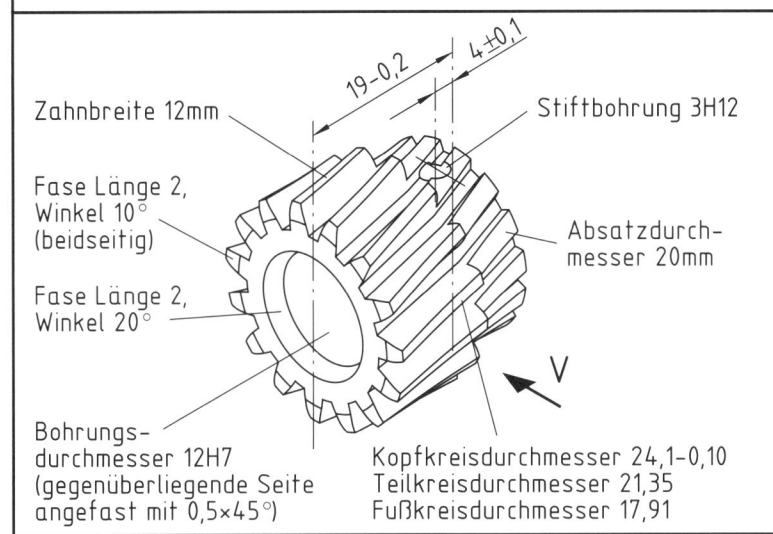

Zahnbreite 12mm
19-0,2
4±0,1
Stiftbohrung 3H12
Fase Länge 2, Winkel 10° (beidseitig)
Fase Länge 2, Winkel 20°
Absatzdurchmesser 20mm
Bohrungsdurchmesser 12H7 (gegenüberliegende Seite angefast mit 0,5×45°)
Kopfkreisdurchmesser 24,1-0,10
Teilkreisdurchmesser 21,35
Fußkreisdurchmesser 17,91

Oberflächenbeschaffenheit:
Zahnflanken geschliffen mit Rz6,3,
Bohrungsdurchmesser 12H7 = Rz6,3,
Stirnseite (Anlagefläche) des Ritzels = Rz16,
Stiftbohrung = Rz16,
alle anderen Flächen = Rz63.

Form- und Lagetoleranzen:
Bezug ist die Achse der Bohrung 12H7,
Rundlauftoleranz des Ritzels 0,05 mm,
Rechtwinkligkeitstoleranz der Ritzelstirnseite 0,05 mm.

Härteangaben:
die Zähne werden einsatzgehärtet und angelassen, Härtewert zwischen 58 bis 63 HRC, Einsatzhärtungstiefe zwischen 1 bis 1,5 mm.

ISO 2768 - m
ISO 1302

Maßstab (Gewicht)

	Datum	Name
Bearb.		
Gepr.		
Norm		
Abt.		

westermann

Blatt
Bl.

Zust. | Änderung | Datum | Name | Ursprung | Ersatz für: | Ersetzt durch:

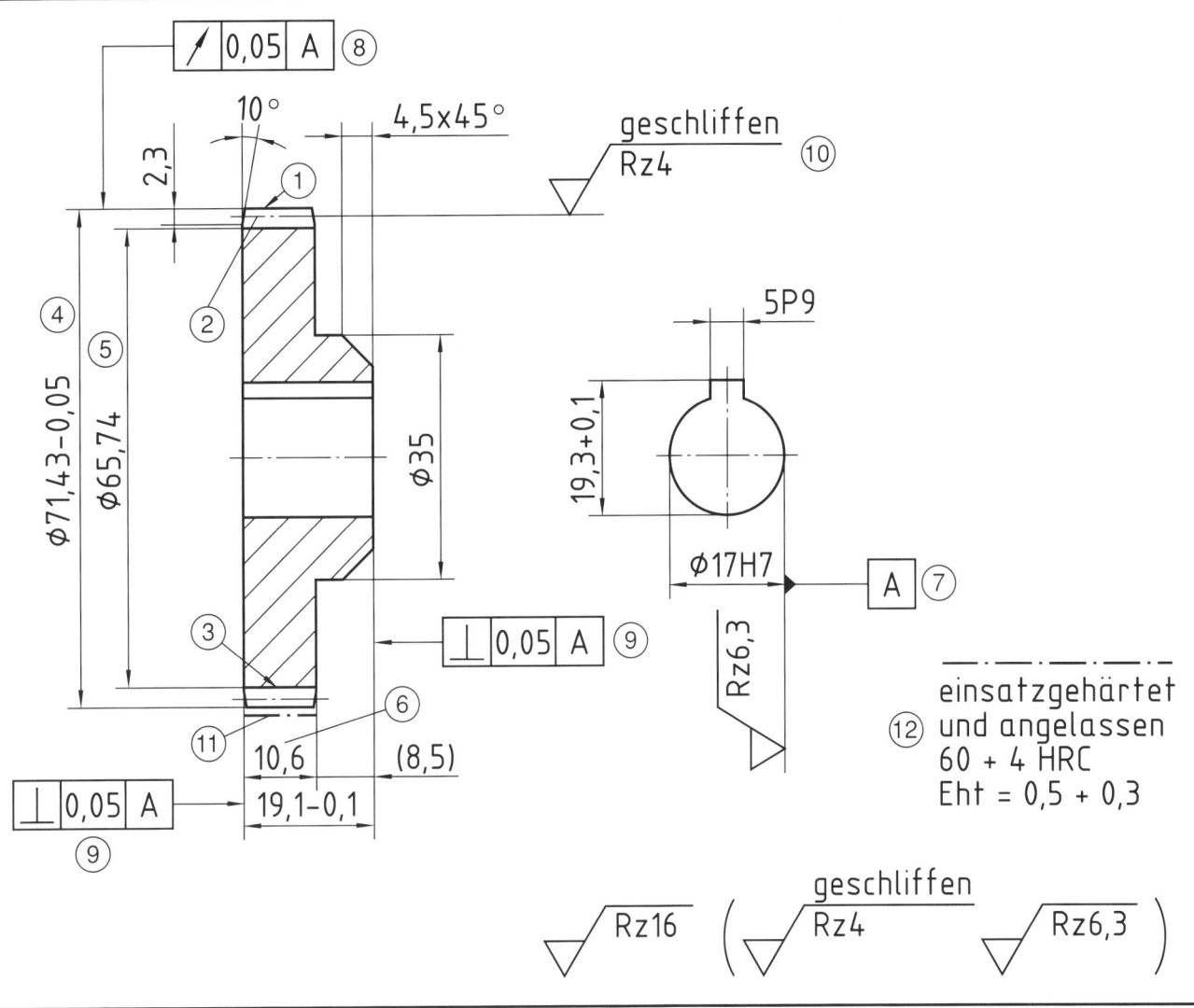

Geben Sie an, was die mit Zahlen versehenen Linien und Zeichnungsangaben in der Teil-Zeichnung des Stirnrades bedeuten.

6 – 6
Zahnräder

Erklärungen:

① _____
② _____
③ _____
④ _____
⑤ _____
⑥ _____
⑦ _____
⑧ _____
⑨ _____
⑩ _____
⑪ _____
⑫ _____

Name	Klasse	Datum

6 – 6a
gears

Indicate the meaning of the lines and specifications that are provided with numbers in the component drawing of the spur gear.

Explanations:

1. ____
2. ____
3. ____
4. ____
5. ____
6. ____
7. ____
8. ____
9. ____
10. ____
11. ____
12. ____

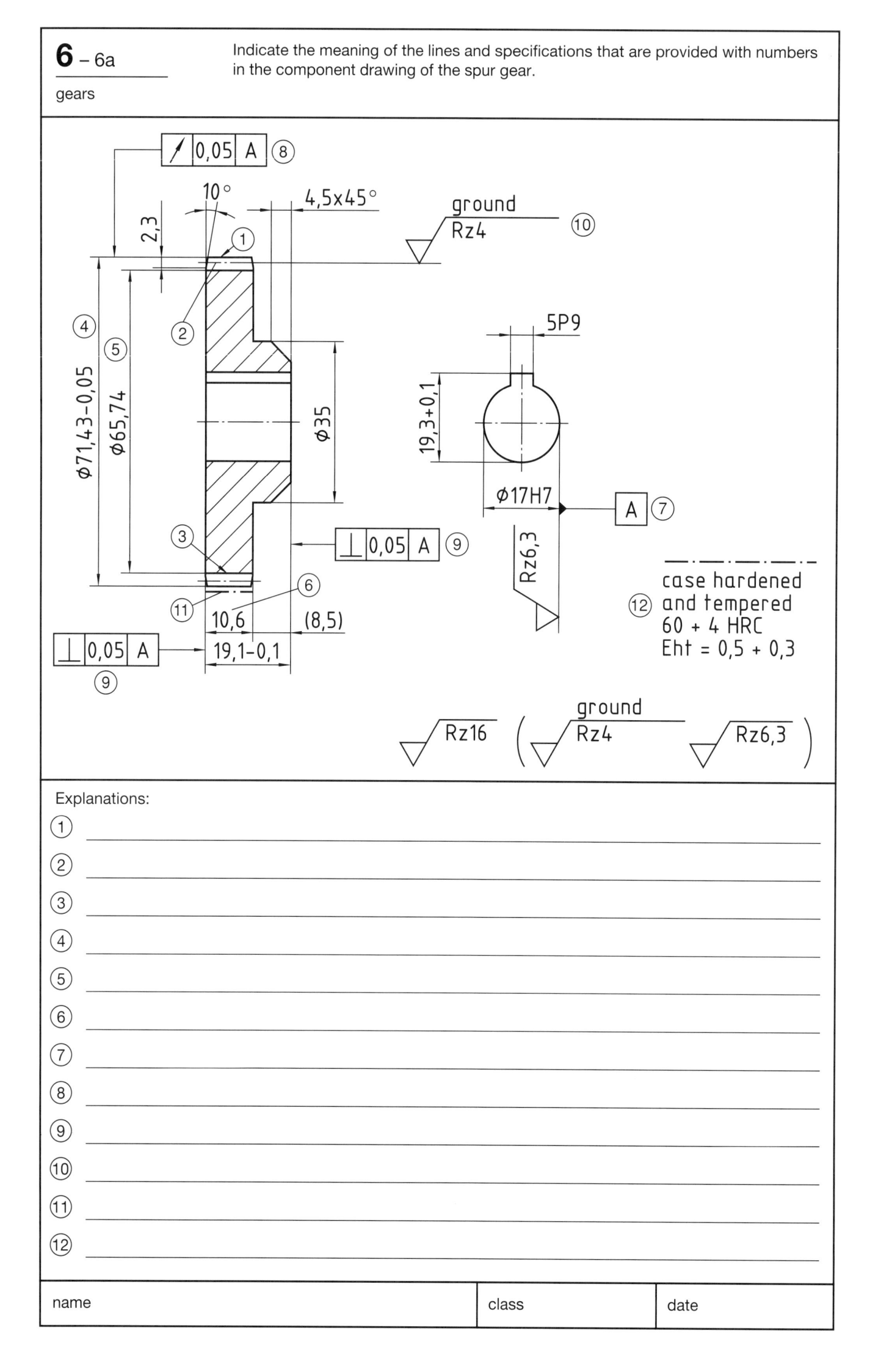

| name | class | date |

7 – 1

Koordinatenbemaßung

Der Deckel des Stirnrädergetriebes soll nach einer Konstruktionsänderung sechs statt vier Gewindebohrungen M6 erhalten. Der Teilungswinkel zwischen den Gewindebohrungen beträgt 60°.

Tragen Sie die Koordinatenwerte x/y an den Gewindebohrungen ein. Der Koordinatennullpunkt liegt im Zentrum des Lochkreises Ø 67.

Benutzen Sie den unteren Teil des Arbeitsblattes, um die genauen Werte rechnerisch zu ermitteln.

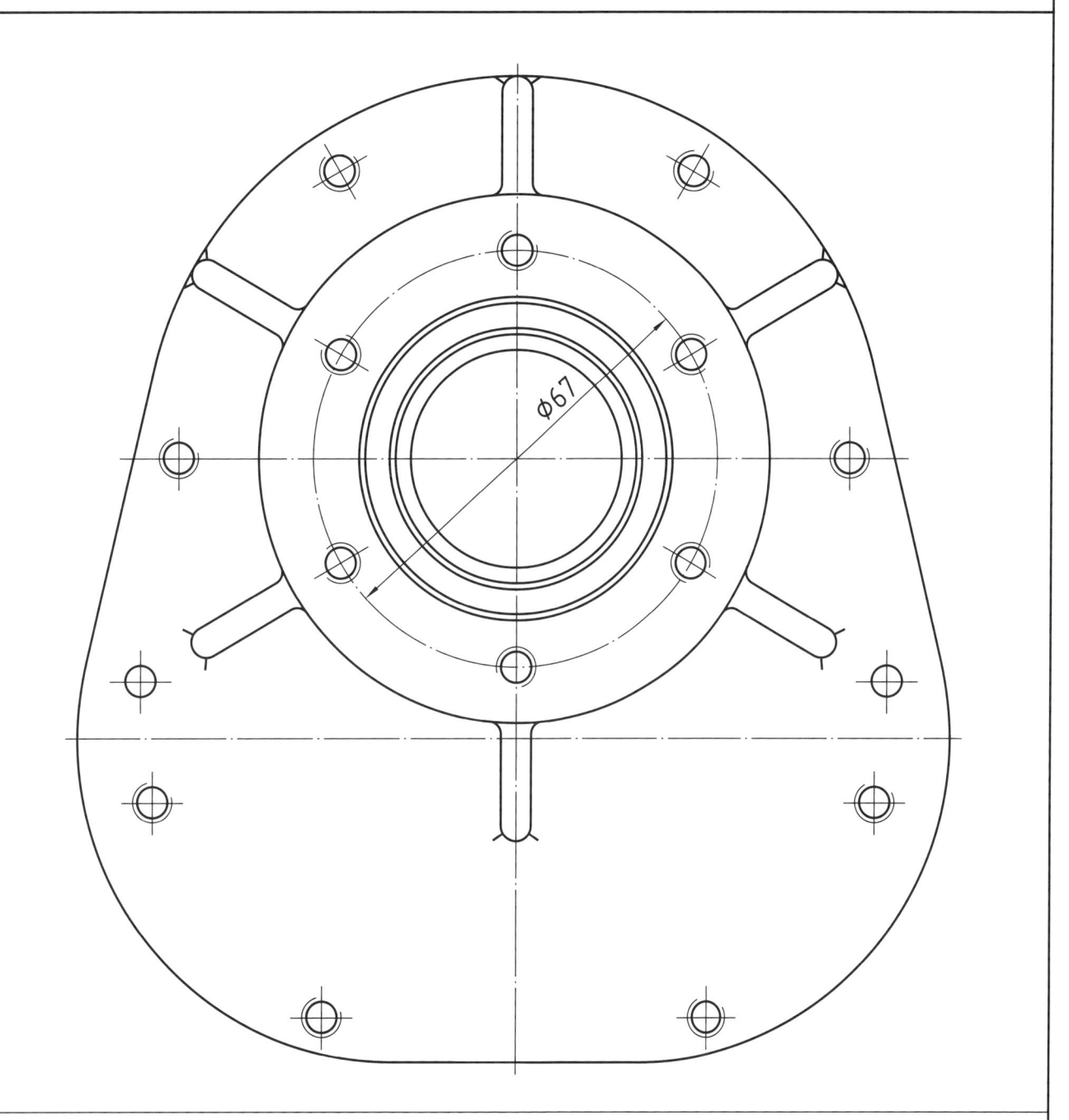

Nebenrechnungen:

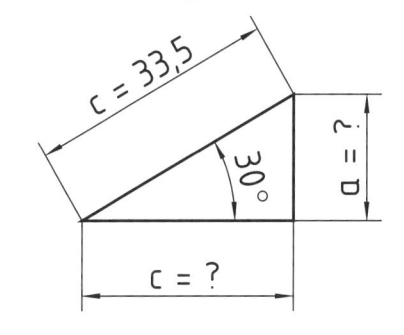

c = 33,5
30°
a = ?
c = ?

| Name | Klasse | Datum |

7 – 1a   Erstellen Sie für die Frontplatte eine Koordinatentabelle.
Die Maße sind der Zeichnung zu entnehmen.

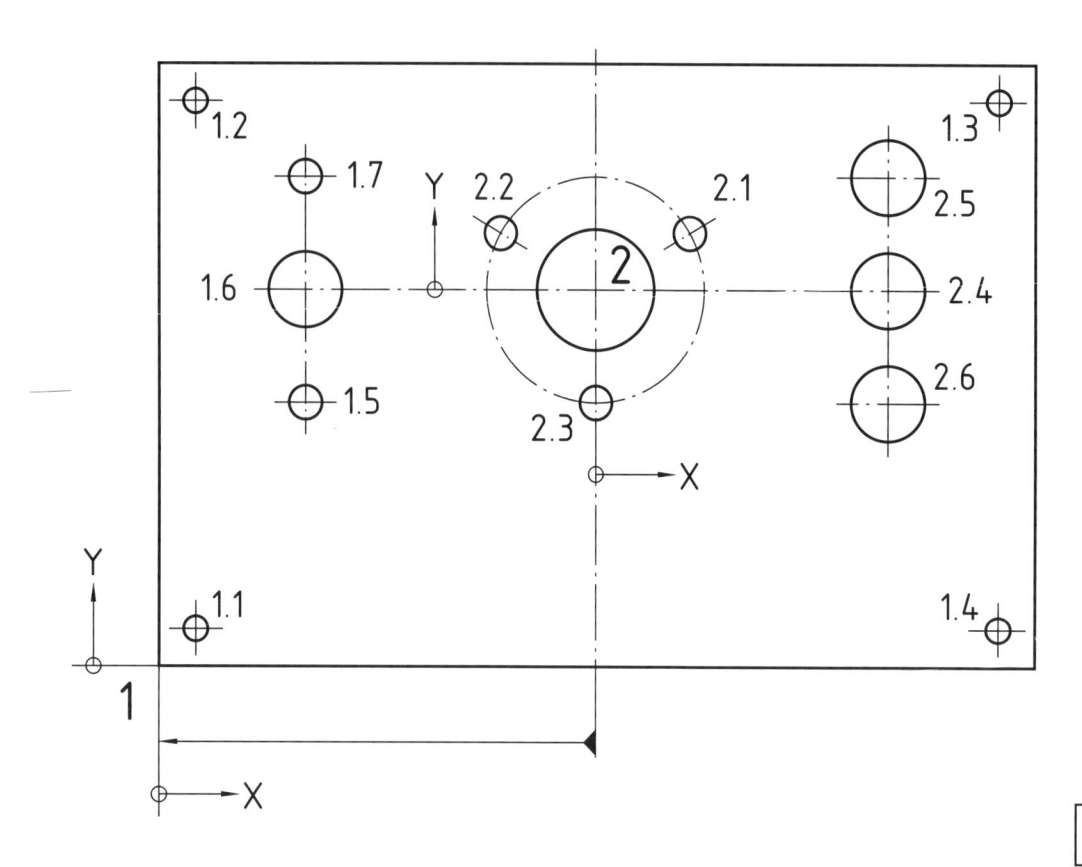

1 : 2

Koordinaten-Nullpunkt	Koordinatentabelle (Maße in mm)						
	Pos.-Nr.	Koordinaten			Polar-Radius R	Polar-Winkel φ	Bohrung Gewinde
		X	Y	Z			
1	1						
1	1.1						
1	1.2						
1	1.3						
1	1.4						
1	1.5						
1	1.6						
1	1.7						
1	2						
2	2.1						
2	2.2						
2	2.3						
2	2.4						
2	2.5						
2	2.6						

Name		Klasse	Datum

	Menge	Einh.	Benennung	Sachnummer/Norm-Kurzbezeichnung	Werkstoff
22	1			DIN 3760 - A 20 x 42 x 7	NB
21	1		Scheibe	DIN 433 - 5,3	St
20	1			ISO 4762 - M5 x 35 - 8.8	
19	1		Sicherungsring	DIN 472 - 14 x 1	
18	1		Sicherungsring	- 30 x 1,5	
17	1		Sicherungsring	- 42 x 1,75	
16	1			- 4 x 50 x 99, i_f = 3,5	
15	1		Passfeder	DIN 6885 - 8 x 7 x 25	E 295 +C
14	1			- 5 x 5 x 28	E 295 +C
13	1			- 5 m6 x 14	E 295 +C
12	1			- 3 x 20	St
11	1		Rillenkugellager	DIN 625 - 6203	
10	1			- 6302	
9	1		Scheibe	023. 01. 05	
8	1		Federgehäuse	023. 01. 04	
7	1		Hohlwelle	023. 01. 03	
6	1		Kegelscheibe, bewegl.	023. 01. 02	
5	1		Kegelscheibe, fest	023. 01. 01	
4	1		Buchse	022. 01. 10	
3	1		Ritzel	022. 01. 06	
2	1		Antriebswelle	022. 01. 05	
1	1	Stck.	Lagerdeckel	022. 01. 02	
Pos.	Menge	Einh.	Benennung	Sachnummer/Norm-Kurzbezeichnung	Werkstoff
1	2	3	4	5	6

ISO 2768 - m
ISO 1302
Maßstab 1 : 1 (Gewicht)

Antriebseinheit

westermann

Arbeitsblatt 8-1
Gesamt-Zeichnungen

Benutzen Sie dieses Arbeitsblatt zur Bearbeitung der Arbeitsblätter 8-2 bis 8-8a

Blatt 1
7 Bl.

Keilriemen

Achsabstand stufenlos veränderbar

Keilriemenscheibe auf einer Motorwelle. Der Motor ist in Richtung A und B verstellbar.

1. Erkennen und benennen Sie die Funktionselemente in der Gesamt-Zeichnung auf Arbeitsblatt 8 – 1 nach der unteren Liste.

   Tragen Sie die fehlenden Benennungen und DIN-Nummern in die Stückliste ein.

8 – 2

Gesamt-Zeichnungen

Pos.-Nr. 10
Pos.-Nr. 12
Pos.-Nr. 13
Pos.-Nr. 14
Pos.-Nr. 16
Pos.-Nr. 17
Pos.-Nr. 18
Pos.-Nr. 20
Pos.-Nr. 22

2. Beschreiben Sie in Stichworten die **allgemeinen** Aufgaben der unten aufgeführten Funktionselemente (Hilfsmittel Tabellenbuch, Technologiebuch).

a) Rillenkugellager

b) Zylinderstift

c) Passfeder

d) Druckfeder

e) Sicherungsring

f) Wellendichtring

| Name | Klasse | Datum |

8 – 2a

Lesen Sie die Informationen zum Funktionerkennen und bearbeiten Sie die Aufgaben.

Allgemeine Funktionsbeschreibung der Antriebseinheit

Die auf dem Arbeitsblatt 8 – 1 dargestellte Antriebseinheit besteht aus den Baugruppen **Lagerdeckel** und **Regeltrieb**.

Der Regeltrieb gehört zur Gruppe der stufenlos verstellbaren Zugmitteltriebe. Als Zugmittel wird ein Keilriemen (DIN 2215) verwendet. Dieser überträgt die Drehmomente kraftschlüssig von der Keilriemenscheibe auf der Welle eines Antriebs-Motors zu den Kegelscheiben (5 und 6) des Regeltriebes.

Der Antriebsmotor ist auf einem verstellbaren Schlitten montiert. Dieser wird während des Betriebes von dem Regeltrieb weg oder auf diesen zu bewegt (in Richtung A oder B).

Dadurch verändern sich
a) der Achsabstand zwischen der Keilriemenscheibe und dem Regeltrieb,
b) der wirksame Laufdurchmesser des Keilriemens an den Kegelscheiben (5 und 6).

Somit können unterschiedliche, stufenlos festlegbare Umdrehungsfrequenzen auf die Antriebswelle (2) übertragen werden.

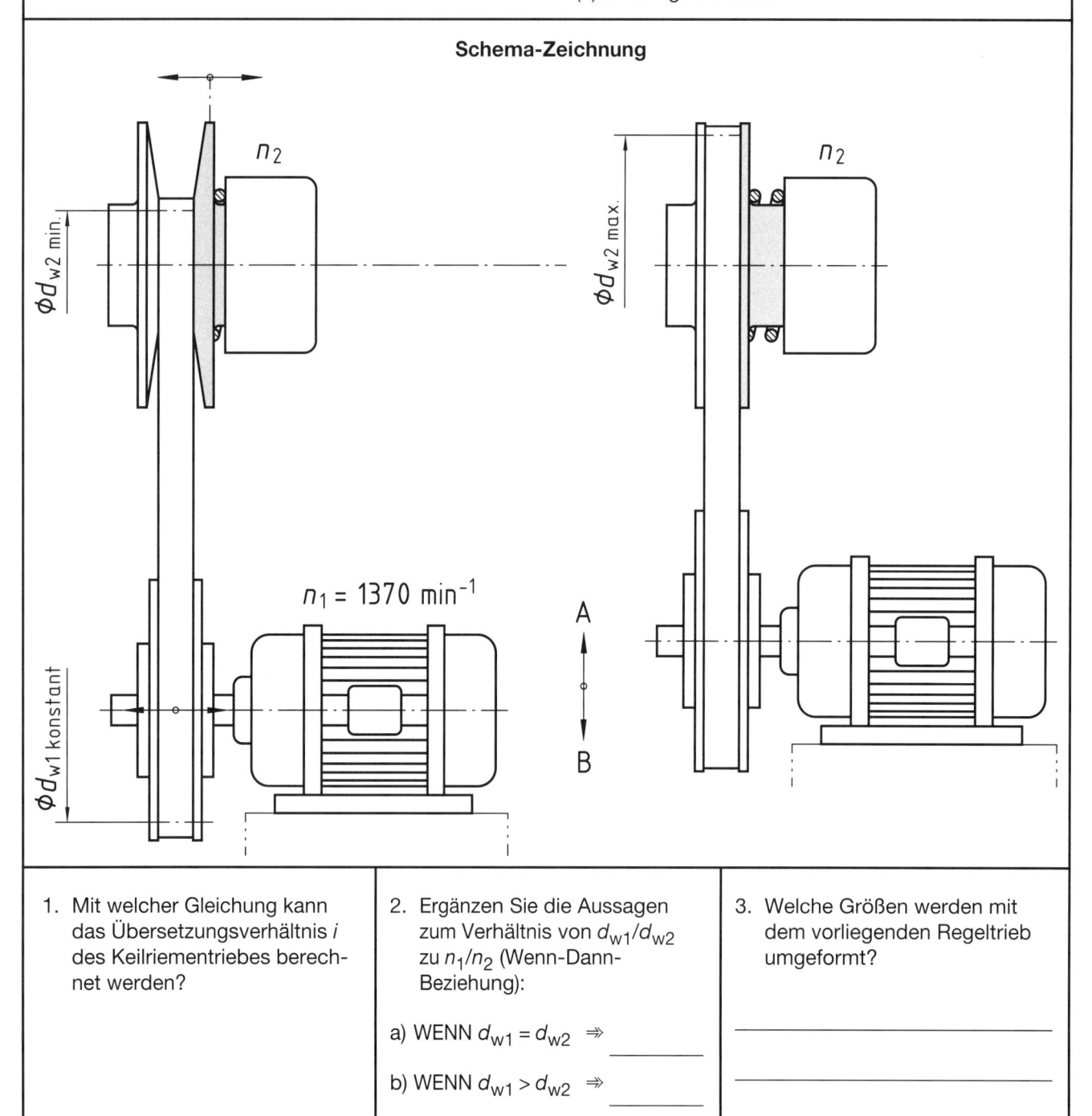

Schema-Zeichnung

$n_1 = 1370\ \text{min}^{-1}$

1. Mit welcher Gleichung kann das Übersetzungsverhältnis i des Keilriementriebes berechnet werden?

2. Ergänzen Sie die Aussagen zum Verhältnis von d_{w1}/d_{w2} zu n_1/n_2 (Wenn-Dann-Beziehung):

   a) WENN $d_{w1} = d_{w2}$ ⇒ _____

   b) WENN $d_{w1} > d_{w2}$ ⇒ _____

3. Welche Größen werden mit dem vorliegenden Regeltrieb umgeformt?

Name	Klasse	Datum

Bearbeiten Sie die Aufgaben zum Erkennen der Energieübertragung.

8 – 3

Gesamt-Zeichnungen

1. Tragen Sie die Begriffe Energie-Eingang, Energie-Umwandlung und Energie-Ausgang ein.
2. Kennzeichnen Sie durch farbige Pfeillinien ⟶ die Energieübertragung von der Kegelscheibe (5) zur Antriebswelle (2).
3. Kennzeichnen Sie mit einem Farbstift die Teile, die zwangsläufig noch zusätzlich in die Energieübertragung mit einbezogen sind.
4. Erstellen Sie einen Technischen Text, der die Energieübertragung nach Aufgabe 2 beschreibt.

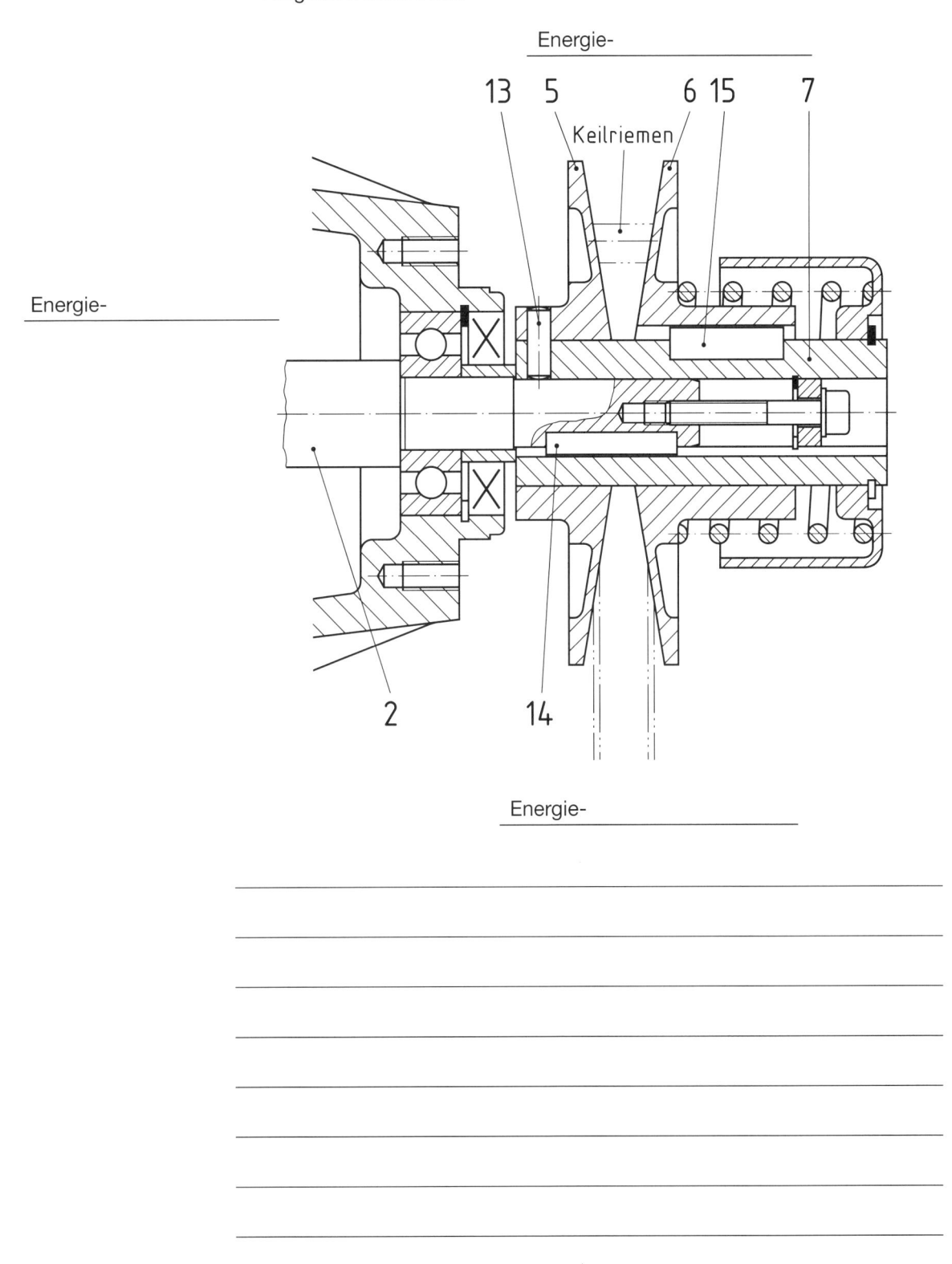

Energie-

13   5   6 15   7

Keilriemen

Energie-

2   14

Energie-

Name | Klasse | Datum

8 – 3a

Beantworten Sie die Fragen zur Funktion des Regeltriebes (Arbeitsblatt 8 – 1).

1) Beschreiben Sie die Aufgabe der Druckfeder (16).

2) Welches Teil oder welche Teile führen gleichzeitig eine Bewegung in axialer **und** radialer Richtung aus, wenn der Motor in Richtung A oder B verstellt wird?
Hinweis: Die Verstellung des Regeltriebes erfolgt grundsätzlich nur bei laufendem Motor!

3) Welche Funktion erfüllt die Passfeder (15) außer der Übertragung des Drehmomentes noch?

4) Welche Aufgabe erfüllen die Teile 9, 19, 20 und 21?

5) Beschreiben Sie die Auswirkungen beim Bruch des Sicherungsringes (18)!

6) Tragen Sie in die Tabelle die Passungsarten und die dazugehörigen Toleranzklassen für die gefügten Teile ein.

Pos.-Nr. der gefügten Teile	Passungsart	Toleranzklassen
6 / 7		
2 / 7		
7 / 15		
13 / 5		
13 / 7		

Name | Klasse | Datum

Bearbeiten Sie die Aufgaben zum Erkennen von Funktionsgruppen.

8 – 4

Gesamt-Zeichnungen

1. Benennen Sie nach der Gesamt-Zeichnung und der Stückliste auf Arbeitsblatt 8 – 1 mindestens drei Funktionsgruppen bzw. Funktionselemente zum Stützen und Tragen sowie zum Energieübertragen.

```
                    Funktionseinheiten
                   /                  \
        Stützen und Tragen        Energieübertragen
```

2. Kennzeichnen Sie mit einem Farbstift eine Funktionsgruppe zur Übertragung von Kräften und Drehbewegungen am Regeltrieb. Beziehen Sie die Kegelscheibe (5) in die Funktionsgruppe ein.

   Erstellen Sie einen Technischen Text, der die Teilfunktion dieser Funktionsgruppe beschreibt.

| Name | Klasse | Datum |

8 – 4a

Erstellen Sie eine Aufbauübersicht für die Antriebseinheit nach Arbeitsblatt 8 – 1.
Die Aufbauübersicht soll aus zwei Baugruppen der 1. Ordnung bestehen:
Deckel (komplett) und **Regeltrieb (komplett)**.
Dazu sollen folgende Baugruppen der 2. Ordnung gebildet werden:
- Antriebswelle (komplett),
- Lagerdeckel (komplett),
- Kegelscheibe, fest (komplett),
- Kegelscheibe, beweglich,
- Federung,
- Axial-Befestigung.

Antriebseinheit

Deckel, komplett — Antriebswelle, komplett — Antriebswelle — 2

| Name | Klasse | Datum |

Kreuzen Sie die richtige Seitenansicht zum Schnitt A-A an.
Schreiben Sie zu den Schnitten die jeweiligen Darstellungsfehler auf.

8 – 5

Gesamt-Zeichnungen

A – A
ohne Teile 16 und 19

☐ a)   ☐ b)   ☐ c)

8 – 5a   Welches Teil wurde richtig dargestellt?
Schreiben Sie zu den Ansichten die jeweiligen Darstellungsfehler auf.

☐ Pos. 8

☐ Pos. 7

☐ Pos. 6

☐ Pos. 5

| Name | | Klasse | Datum |

Nach der Gesamt-Zeichnung auf Arbeitsblatt 8 – 1 überträgt ein Spannstift (12) die Drehmomente zwischen Antriebswelle (2) und Ritzel (3).
Ersetzen Sie den Spannstift durch einen Zylinderstift nach ISO 2338 ø3, Länge 20.
Stellen Sie die neue Verbindung normgerecht dar und tragen Sie die Pos. 12 für den Zylinderstift in Zeichnung und Stückliste ein.

8 – 6

Stiftverbindungen

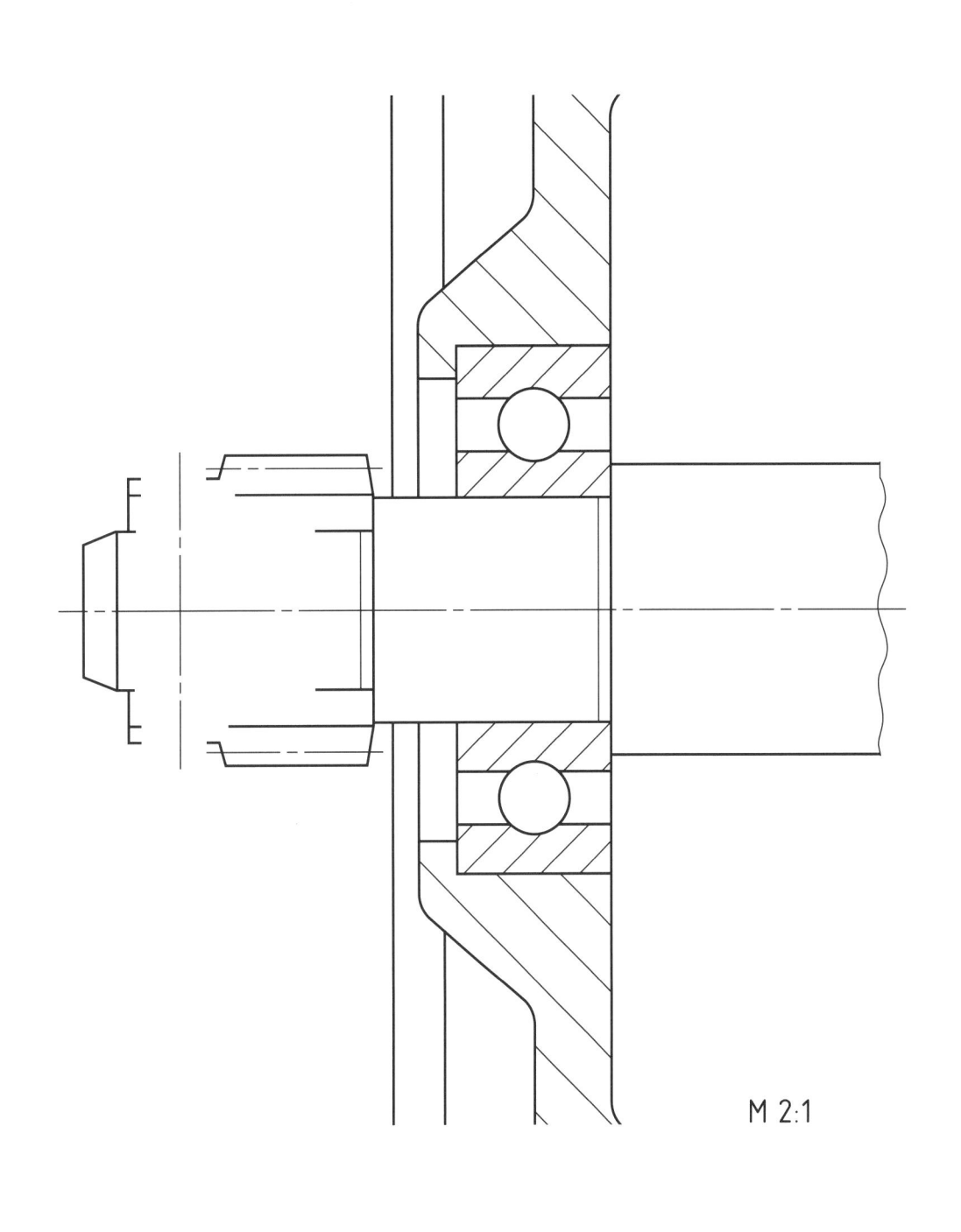

M 2:1

Pos.	Menge	Einh.	Benennung	Sachnummer/Norm-Kurzbezeichnung	Werkstoff
1	2	3	4	5	6

Name		Klasse	Datum

8 – 6a   Bearbeiten Sie die Aufgaben.

1. Woran kann in der Zeichnung bei einer normgerechten Darstellung die Toleranzklasse eines Zylinderstiftes erkannt werden?

   ☐ a) Ohne DIN-Blatt oder Stückliste kann die Toleranzklasse nicht ermittelt werden.

   ☐ b) Ein Zylinderstift hat immer die Toleranzklasse m6.

   ☐ c) An der Form der Stiftenden. Zum Beispiel hat ein Stift mit Linsenkuppe die Toleranzklasse m6.

   ☐ d) An der Oberflächenqualität der Zylinderflächen.

2. Sie sollen nach der Zeichnung ein Ersatzteil für Pos. 2 anfertigen.
   Mit welcher Toleranzklasse muss die Bohrung für den Stift Pos. 3 gefertigt werden?

   ☐ a) H 7

   ☐ b) H 11

   ☐ c) Es ist keine besondere Toleranzklasse erforderlich.

   ☐ d) Es kann jede beliebige Übermaßpassung gefertigt werden.

3. Erkennen Sie das Verbindungselement Pos. 4 und tragen Sie seine normgerechte Bezeichnung in die Stückliste ein.
   Die Maße können aus der Zeichnung gemessen werden.

M 1:1

Pos.	Menge	Einh.	Benennung	Sachnummer/Norm-Kurzbezeichnung	Werkstoff
1	2	3	4	5	6

Name		Klasse	Datum

Nach der Gesamt-Zeichnung auf Arbeitsblatt 8 – 1 ist die Zylinderschraube (20) nicht gegen Lockern oder Losdrehen gesichert, sondern nur mit einer Scheibe unterlegt. Ersetzen Sie die Scheibe durch ein geeignetes Funktionselement, welches die Schraube kraftschlüssig gegen Lockern sichert. Stellen Sie die neue Sicherung einschließlich Zylinderschraube normgerecht dar und tragen Sie die Pos.-Nr. 20 und 21 in Zeichnung und Stückliste ein.

8 – 7

Schraubensicherungen

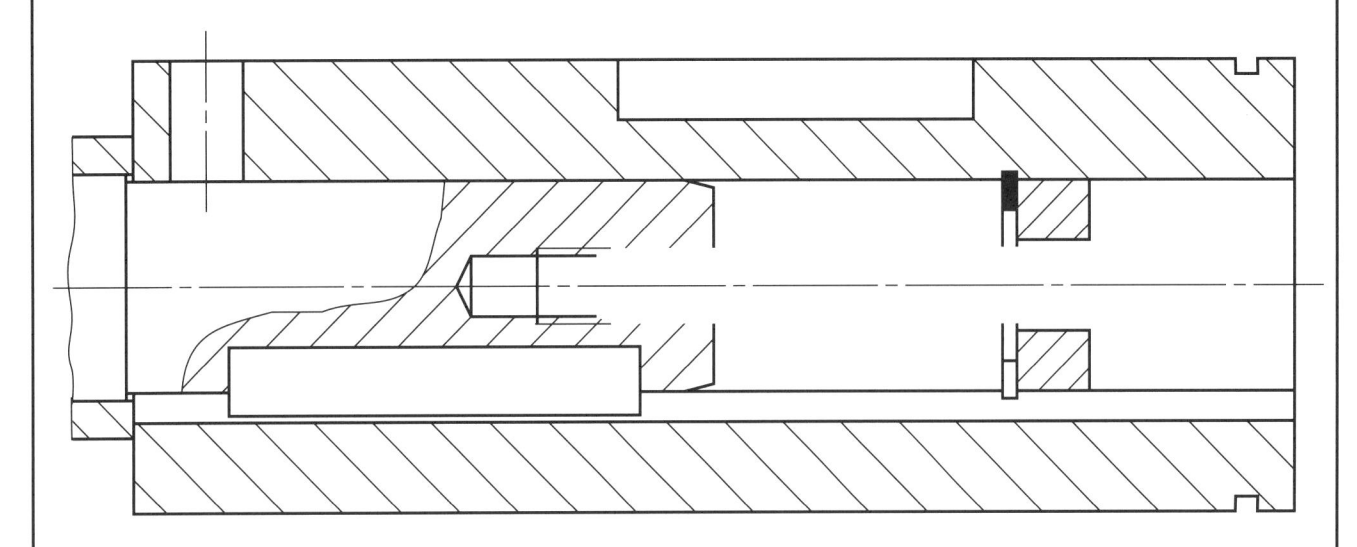

M 2:1

Pos.	Menge	Einh.	Benennung	Sachnummer/Norm-Kurzbezeichnung	Werkstoff
20	1	Stck.	Zylinderschraube	ISO 4762 – M5 x 35 – 8.8	
1	2	3	4	5	6

Name		Klasse	Datum

8 – 7a

Erkennen Sie die Schraubenverbindungen und die Sicherungselemente.
Schreiben Sie zu den Abbildungen die normgerechten Bezeichnungen mit DIN-Nummern auf.
Kreuzen Sie die Art der Schraubensicherung an:
K = kraftschlüssig wirkend
F = formschlüssig wirkend

1)
Pos. 1: _____
Pos. 2: _____
Pos. 3: _____
☐ K
☐ F

2) (Kunststoff) (für St)
Pos. 1: _____
Pos. 2: _____
☐ K
☐ F

3)
Pos. 1: _____
Pos. 2: _____
Pos. 3: _____
☐ K
☐ F

4)
Pos. 1: _____
Pos. 2: _____
☐ K
☐ F

5)
Pos. 1: _____
Pos. 2: _____
☐ K
☐ F

Name | Klasse | Datum

Zeichnen Sie die Schnittdarstellung A-A mit der Passfederverbindung (Pos. 15). Benutzen Sie hierzu auch die Stückliste auf Arbeitsblatt 8 – 1. Bearbeiten Sie jedoch zuerst die Rückseite dieses Arbeitsblattes.

8 – 8

Passfeder-
verbindungen

A – A
ohne Teile 16 und 19

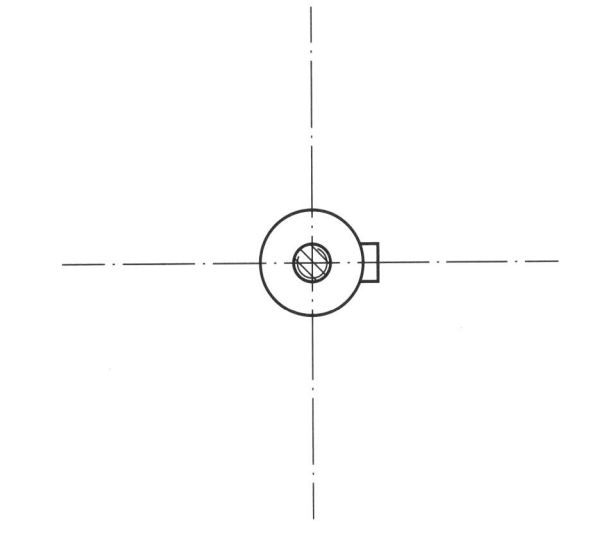

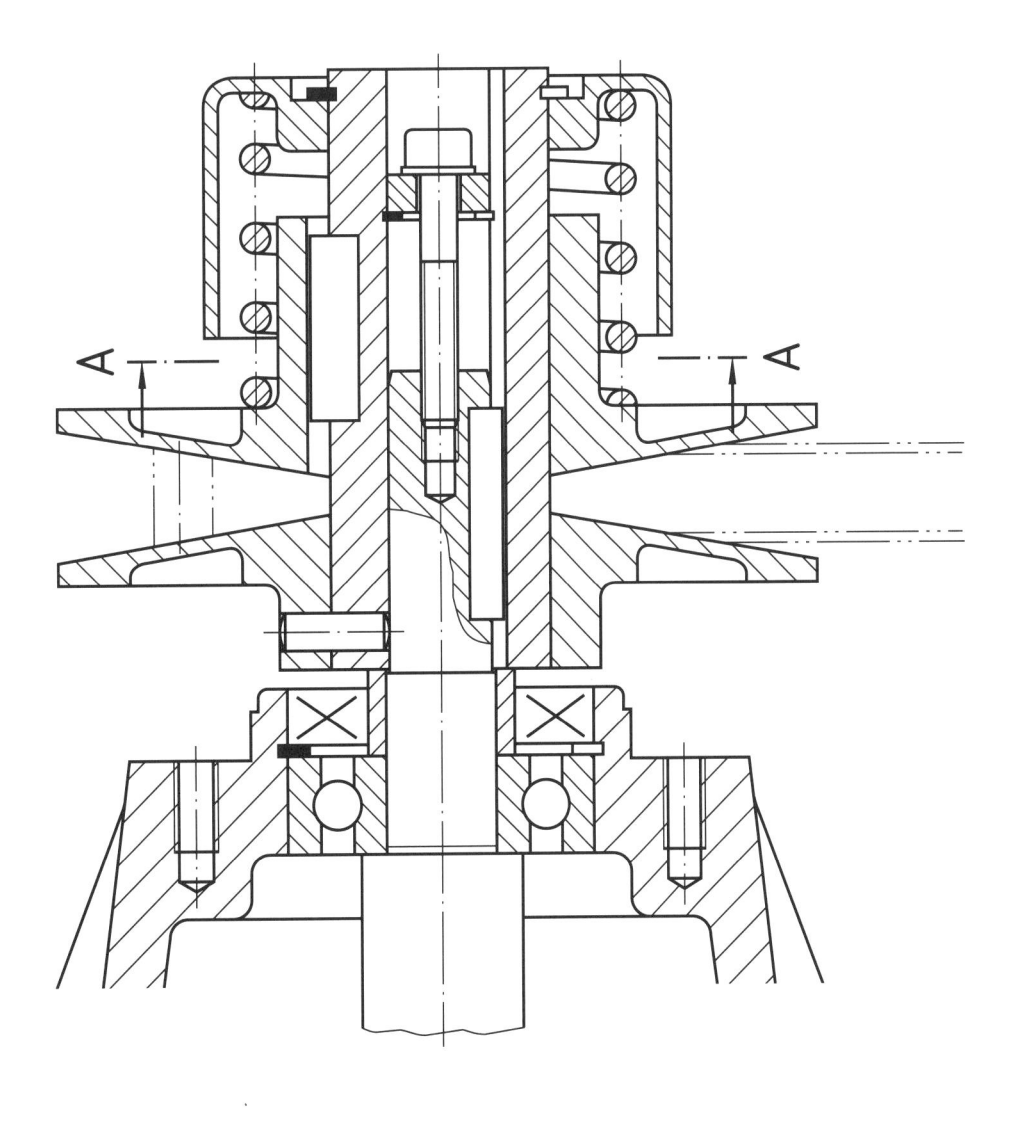

Name | Klasse | Datum

8 – 8a

Bearbeiten Sie die Aufgaben.

1. Ermitteln Sie für die darzustellende Welle-/Nabenverbindung auf Arbeitsblatt 8 – 8 die Maße für die Passfedernuten. Tragen Sie diese in die Tabelle ein.

Nenndurchmesser 30	Wellennute	Nabennute	Passfeder
Nutbreite			
Nuttiefe			
Höhe			
Breite			

2. Kreuzen Sie die richtig dargestellte Mitnehmerverbindung an.

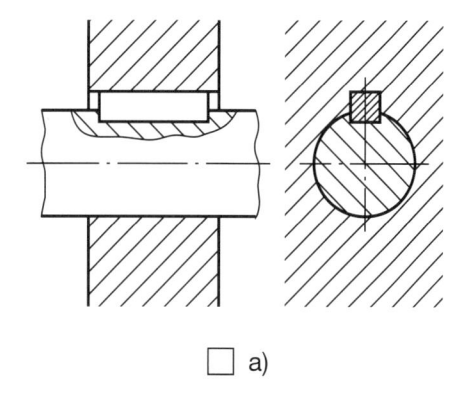

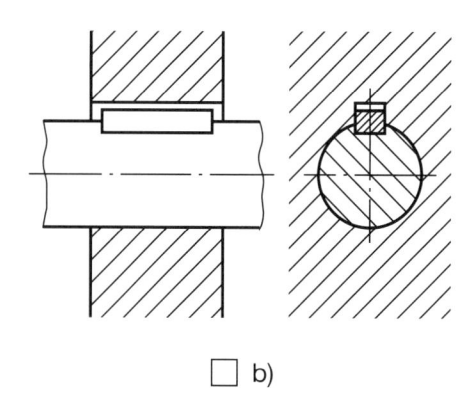

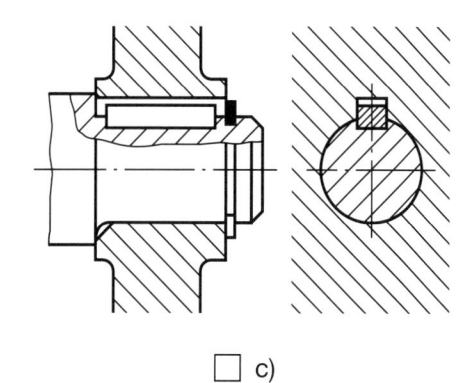

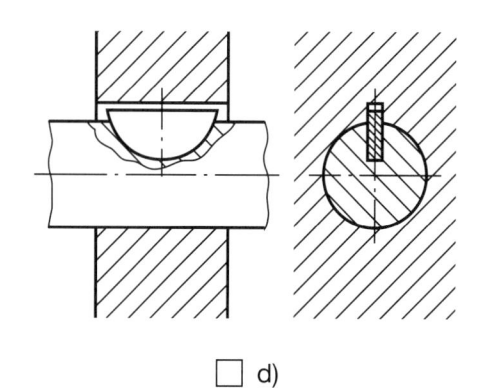

☐ a)

☐ b)

☐ c)

☐ d)

Name		Klasse	Datum

Beantworten Sie die Fragen zur Lagerung der mitlaufenden Zentrierspitze.
Tragen Sie außerdem die Wellen- und Bohrungspassungen in die Zeichnung ein.

8 – 9

Wälzlager,
Sicherungsringe
und Dichtungen

Mitlaufende Zentrierspitze   M 1:1

1. Benennen Sie die Wälzlager nach ihrer zeichnerischen Darstellung.

   Pos. 7: _____

   Pos. 8: _____

   Pos. 9: _____

2. Welche Aufgabe erfüllt Teil 7?

3. Welche Aufgabe erfüllt Teil 8?

4. Welche Aufgabe erfüllt Teil 9?

5. Beschreiben Sie den Vorgang zum spielfreien Anstellen der Lagerung.

6. Wie bzw. wodurch erfolgen
   a) die Schmierung und
   b) die Abdichtung
   der Lager 7 und 8?

   a) _____

   b) _____

| Name | Klasse | Datum |

8 – 9a   Kreuzen Sie die richtigen Antworten an.

1. Ist das Wälzlager selbsthaltend oder nicht selbsthaltend?

   ☐ selbsthaltend   ☐ nicht selbsthaltend

2. Welche Lageranordnung zeigt die Abbildung?

   ☐ Festlager   ☐ Loslager

3. Welcher Wälzlagerring trägt Umfanglast?

   ☐ Außenring   ☐ Innenring

4. Mit welchem genormten Funktionselement kann der Lagerdeckel mit dem Wälzlageraußenring in axialer Richtung passgenau gefügt werden?

   ☐ Stützscheibe   ☐ Passscheibe

   ☐ Sicherungsring   ☐ Sprengring

5. Mit welchem genormten Funktionselement ist die im Lagerdeckel durchgehende Welle abgedichtet?

   ☐ Wellendichtring   ☐ Dichtring

   ☐ Filzring   ☐ O-Ring

feststehendes Gehäuse

Wellenlagerung
M 1:1

Hinweis: Der Bolzen wird gegen Verdrehen und gegen axiales Verschieben im Hebel durch einen Zylinderstift gesichert.

6. Sind die Wälzlager selbsthaltend oder nicht selbsthaltend?

   ☐ selbsthaltend   ☐ nicht selbsthaltend

7. Welche Lageranordnung zeigt die Abbildung?

   ☐ Festlager   ☐ Loslager

8. Welche Wälzlagerringe tragen Umfanglast?

   ☐ Außenringe   ☐ Innenringe

9. Welche Wälzlagerringe erhalten einen „losen Passsitz"?

   ☐ Außenringe   ☐ Innenringe

10. Welcher Passsitz ist hierfür geeignet?

    ☐ Außenring in der Bohrung: H7, Innenring auf der Welle: k6

    ☐ Außenring in der Bohrung: M6, Innenring auf der Welle: g6

Hebel

Lagerung für Umlenkrolle
M 1:1

Name		Klasse	Datum

Die Drehmomentübertragung auf die Antriebswelle (2) des Getriebe-Deckels soll mit einem geradverzahnten Stirnradpaar erfolgen. Das Stirnradpaar besteht aus dem bereits auf der Antriebswelle montierten Stirnrad und einem Ritzel, welches auf einer Motorwelle aufgeschrumpft ist. Zeichnen bzw. ergänzen Sie das Zahnradgetriebe nach den Vorgaben. Der Zahneingriff des Ritzels mit dem Stirnrad ist unterhalb des Stirnrades darzustellen. Die zur Darstellung notwendigen Berechnungen sind im unteren Teil des Arbeitsblattes durchzuführen (Kopfspiel c = 0,25 mm).

8 – 10

Darstellung von Zahnradpaaren

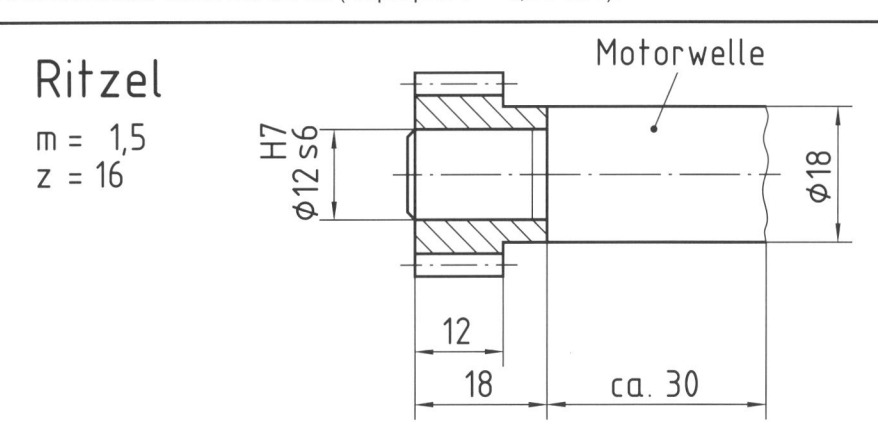

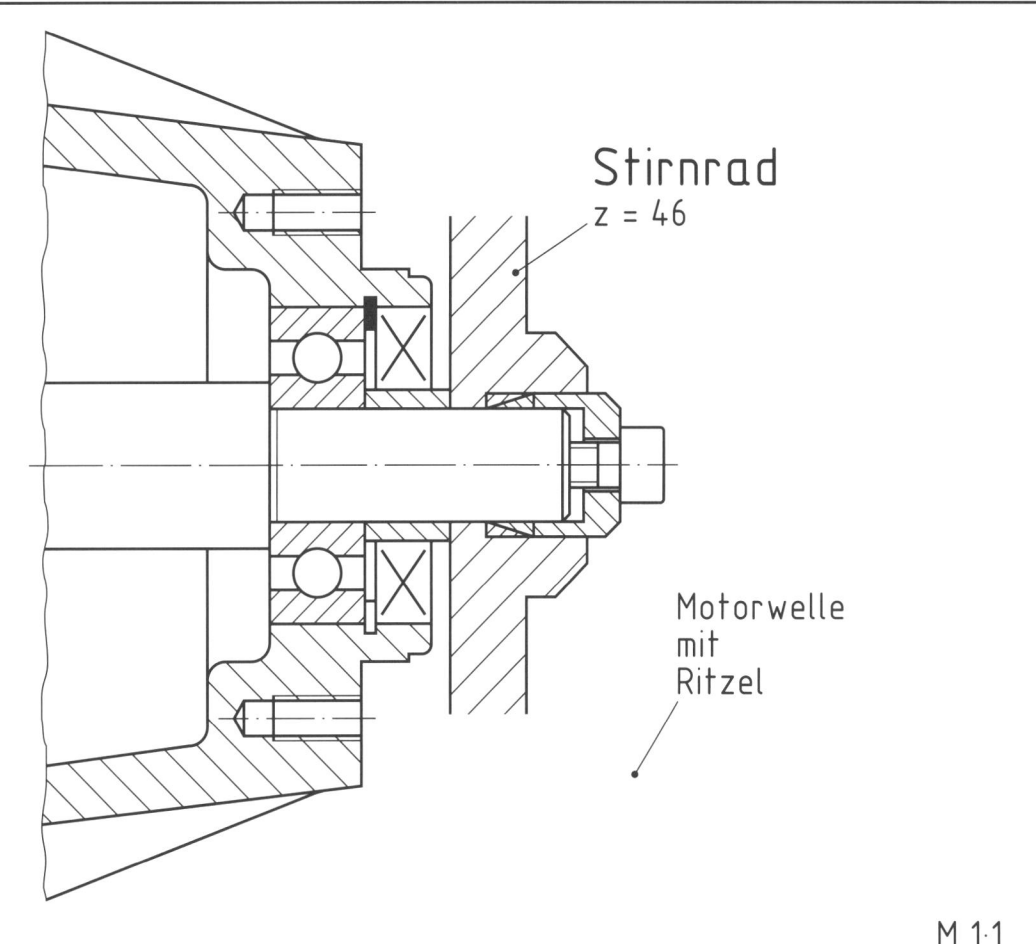

Ritzel
m = 1,5
z = 16

Stirnrad
z = 46

M 1:1

Ritzel	Stirnrad	Achsabstand zwischen Ritzel und Stirnrad
d =	d =	
d_a =	d_a =	
d_f =	d_f =	a =
h_a =	h_a =	

Name	Klasse	Datum

8 – 10a

Die Zeichnung zeigt die Anordnung von verzahnten Teilen in einem Konstruktionsentwurf für ein Getriebe. Die Darstellung wurde für das Arbeitsblatt stark verkleinert. In Originalgröße hat z. B. das Teil Pos.-Nr. 4 einen Außendurchmesser von 260 mm. Beantworten Sie die Fragen auf dem Arbeitsblatt 8 – 11 zu diesem Getriebe.

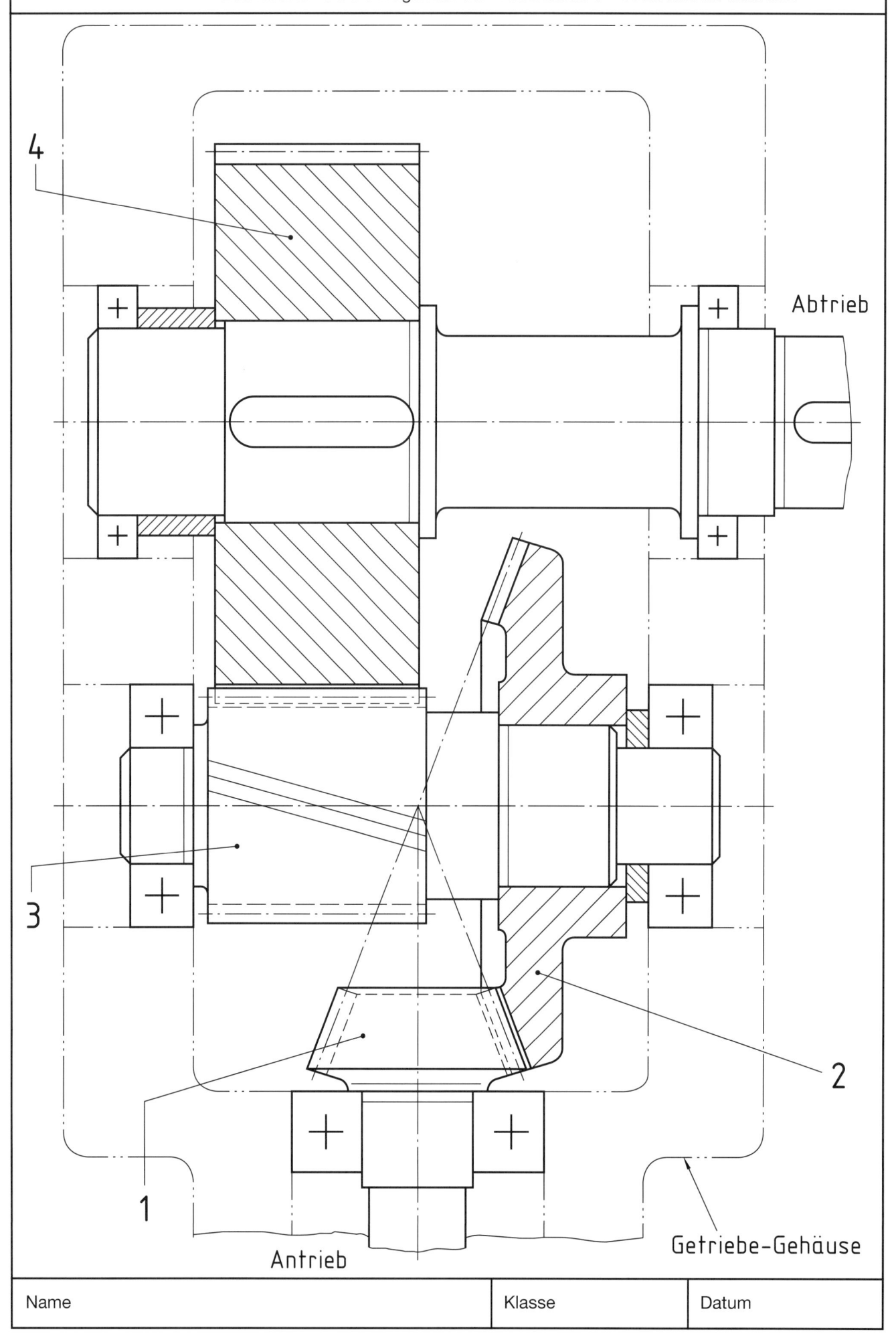

4

Abtrieb

3

2

1

Antrieb

Getriebe-Gehäuse

| Name | Klasse | Datum |

Beantworten Sie die Fragen zur Zeichnung auf Arbeitsblatt 8 – 10a.

8 – 11

Zahnradgetriebe

1) Wie werden die mit 1 bis 4 gekennzeichneten verzahnten Teile fachgerecht bezeichnet?

Teil 1 = _____

Teil 2 = _____

Teil 3 = _____

Teil 4 = _____

2) Welche Aufgabe erfüllen die Teile 1 und 2 in dem Getriebe?

3) Welche Aufgabe erfüllt das Getriebe insgesamt?

4) Wie bzw. wodurch erfolgt die Drehmomentübertragung zwischen den Teilen 2 und 3?

5) Welche Bedeutung haben die drei schmalen Volllinien im verzahnten Bereich von Teil 3?

6) Welche Teile sind durch diese vereinfachte Darstellung angedeutet?

Name		Klasse	Datum

8 – 11a

Beantworten Sie die Fragen zur Zeichnung auf Arbeitsblatt 8 – 10a.

1. Benennen Sie die bemaßten Kanten am Zahneingriff zwischen den Teilen 3 und 4.

   øA = _____

   øB = _____

   øC = _____

   D = _____

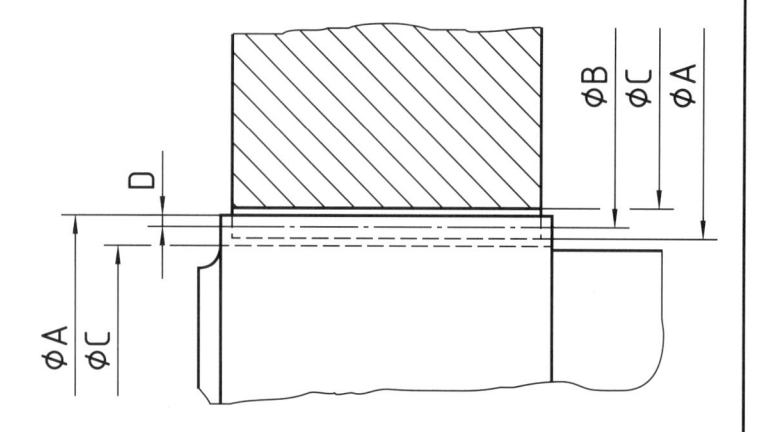

2. In zwei der Abbildungen ist je ein Darstellungsfehler. Suchen und beschreiben Sie diese Fehler!

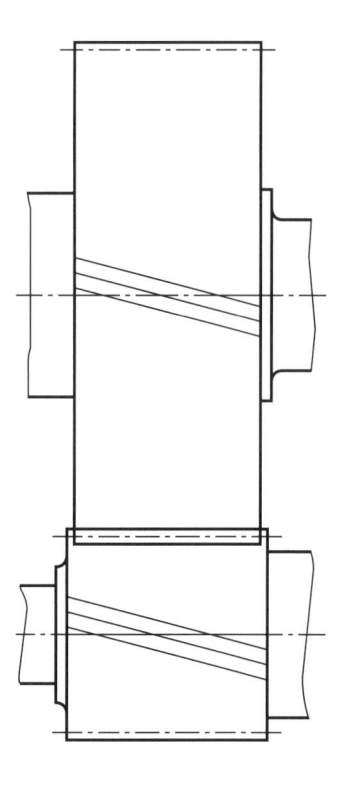

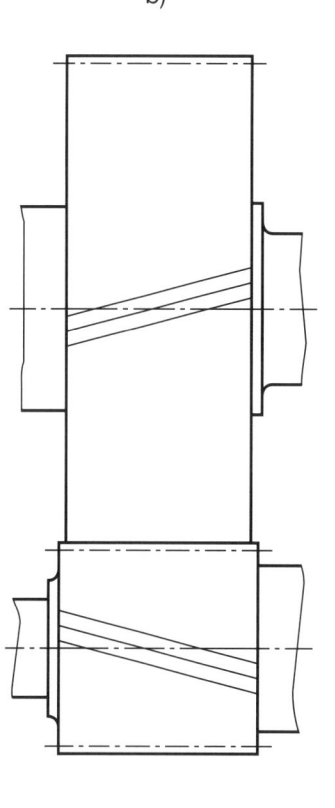

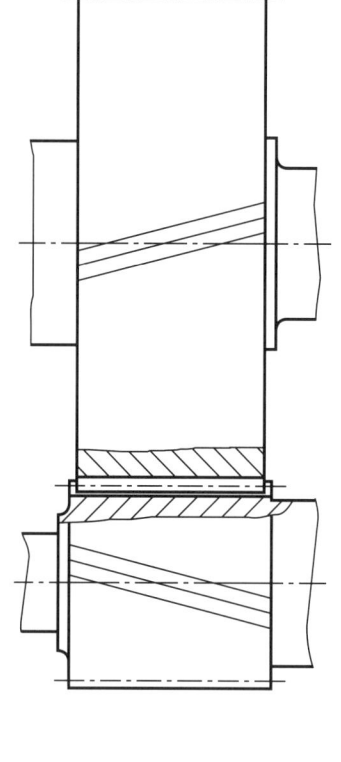

   a)　　　　　　　　　　b)　　　　　　　　　　c)

| Name | | Klasse | Datum |

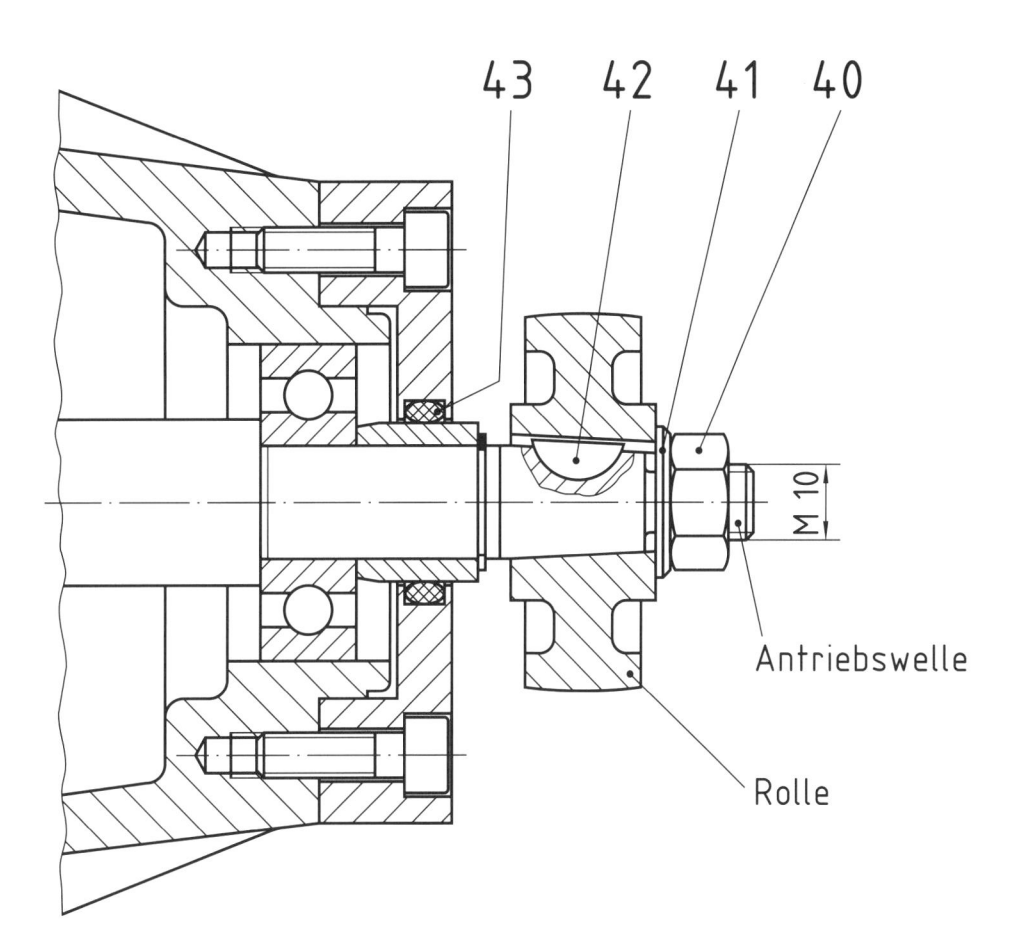

Erkennen Sie die mit einer Pos.-Nr. gekennzeichneten Teile und ergänzen Sie die Stückliste.

8 – 12

Ergänzen von Stücklisten

M 1:1

Pos.	Menge	Einh.	Benennung	Sachnummer/Norm-Kurzbezeichnung	Werkstoff
43	1	Stck.		20 x 3,55 – N	NBR 70
42	1	Stck.			
41	1	Stck.			
40	1	Stck.			
1	2	3	4	5	6

Name | Klasse | Datum

8 – 12a

Welche Funktionselemente sind geeignet, um die Schrägkugellager auf der Antriebswelle in axialer Richtung zu befestigen?
Kreuzen Sie die entsprechenden Abbildungen an. Schreiben Sie auch die Benennungen der Teile mit ihren DIN-Nummern auf.

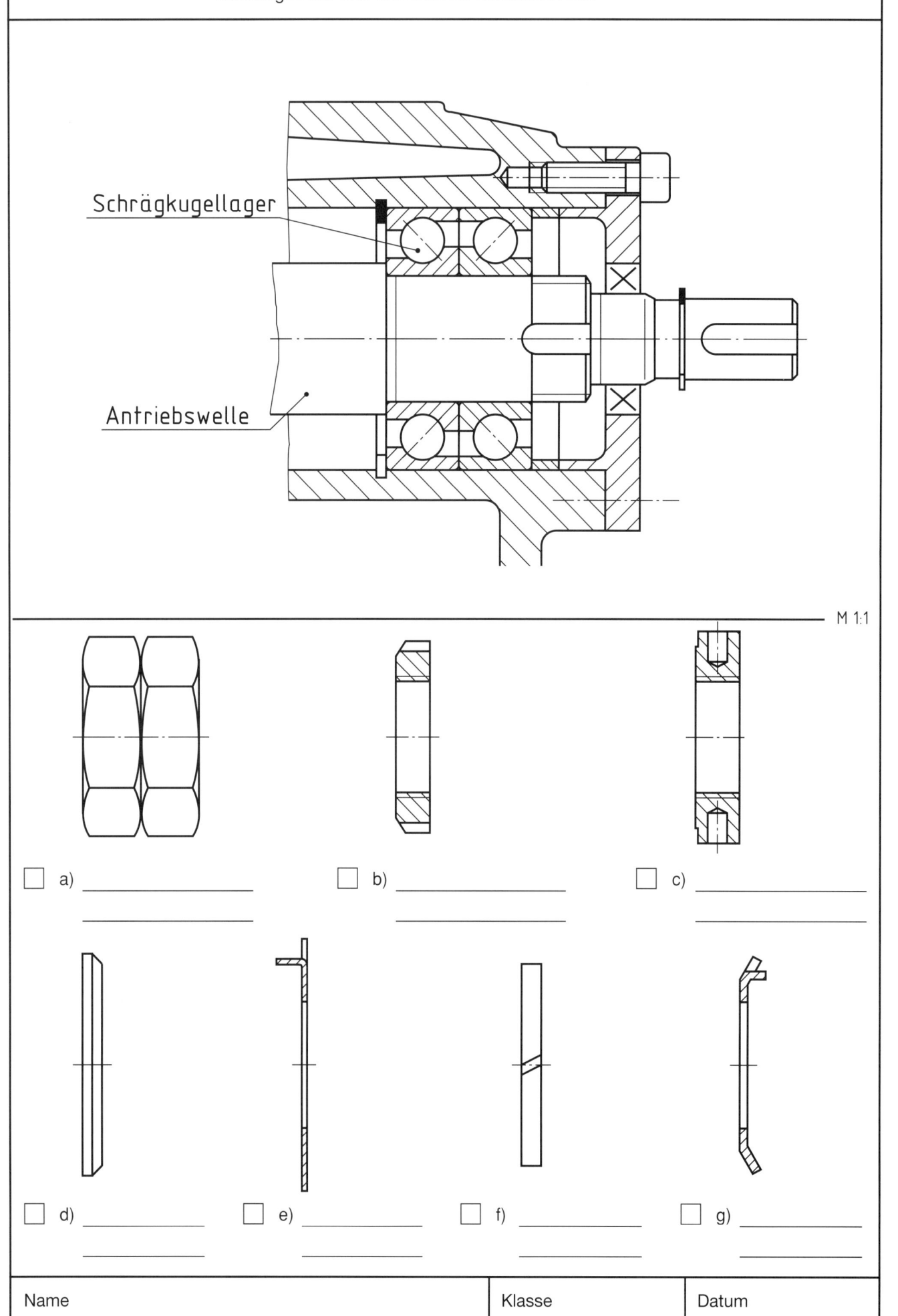

Schrägkugellager

Antriebswelle

M 1:1

☐ a) _____

☐ b) _____

☐ c) _____

☐ d) _____

☐ e) _____

☐ f) _____

☐ g) _____

| Name | Klasse | Datum |

In dem Stößelantrieb sollen der Stößel und die Exzenterwelle in Buchsen für Gleitlager nach DIN ISO 4379 gelagert werden.
Der Stößel ist im Lagerdeckel 1 mit zwei Buchsen – Form C – zu lagern. Die Exzenterwelle ist im Lagerdeckel 2 mit einer Buchse – Form F – zu lagern.
Ergänzen Sie die Gesamt-Zeichnung mit den Buchsen und beantworten Sie anschließend die Fragen.

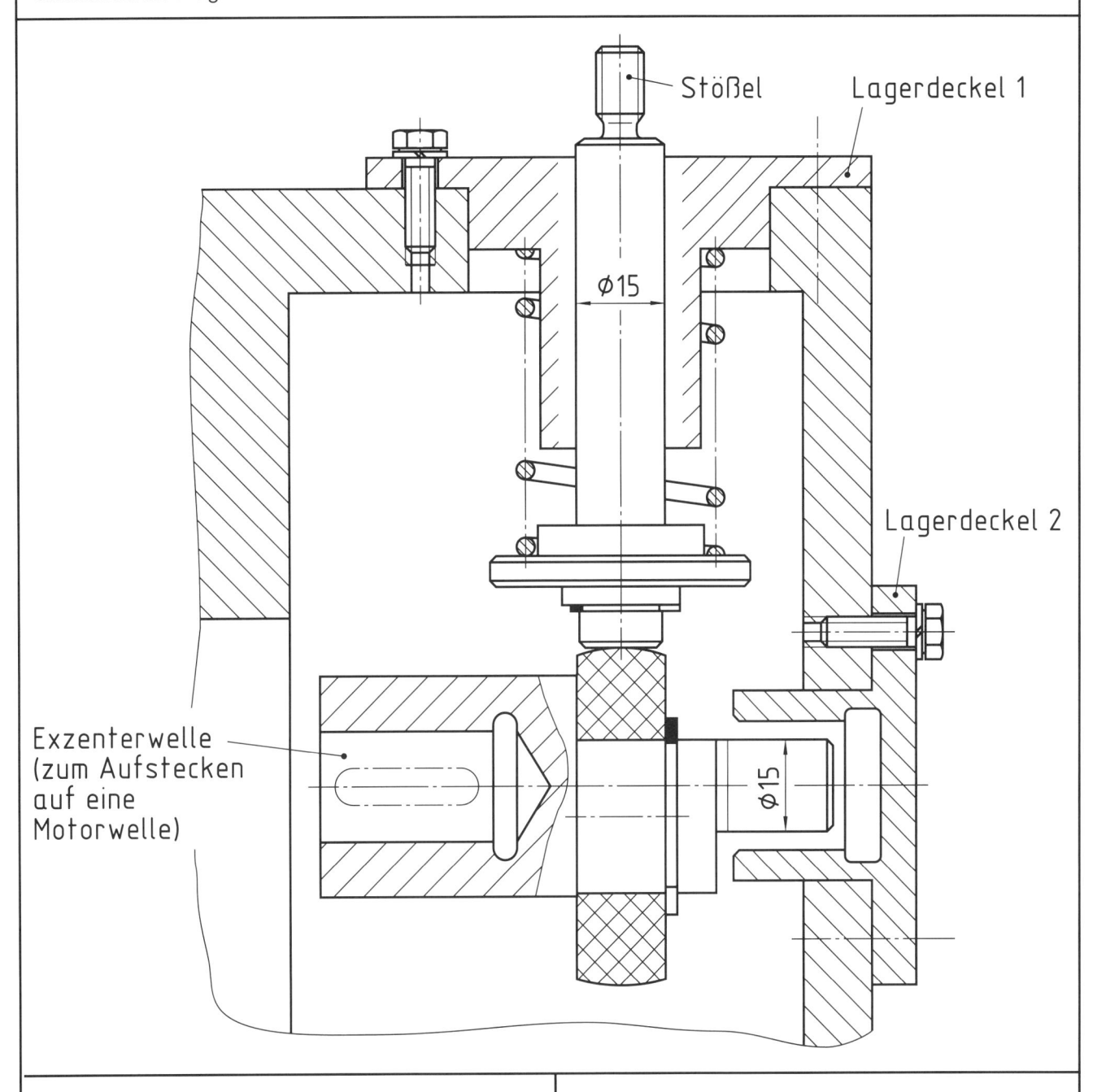

8 – 13
Gleitlager

1. Benennen Sie die Art der Fügeverbindungen (Lagerart)
   a) zwischen dem Stößel und seinen Buchsen und
   b) zwischen der Exzenterwelle und ihrer Buchse.

   a) _____

   b) _____

2. Bestimmen Sie die Passmaße für die gefügten Teile:

Buchsen/Stößel und Buchse/Exzenterwelle	
Buchsen/Lagerdeckel 1 und Buchse/Lagerdeckel 2	

Name | Klasse | Datum

Die Zeichnung zeigt eine Lagerung, welche über eine Scheibe mit Bohrungen gezielt mit Fett nachgeschmiert werden kann. Die Zufuhr mit Schmierfett erfolgt durch die Öffnung „A". Skizzieren Sie in diese Öffnung ein geeignetes genormtes Funktionselement, durch welches das Fett eingepresst werden kann.
Beantworten Sie anschließend die Fragen.

8 – 14

Dichtungen/
Schmiernippel

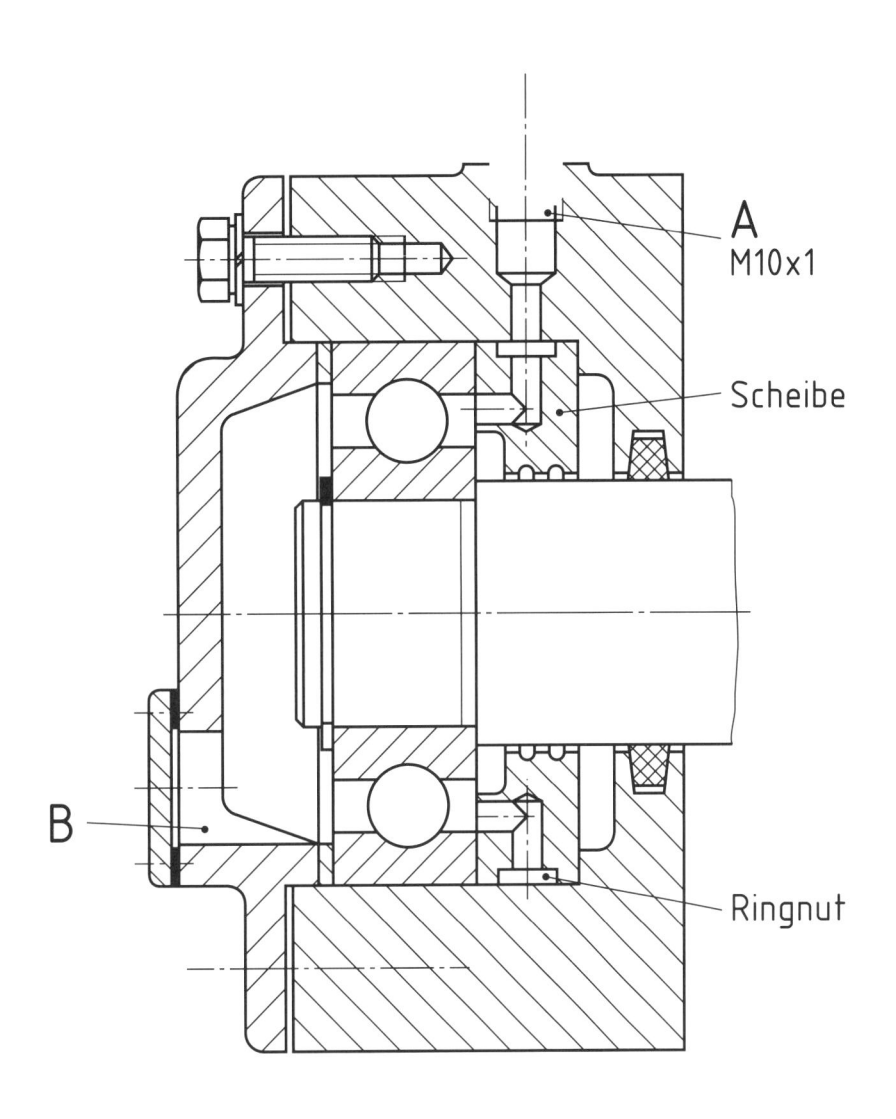

A
M10x1

Scheibe

B

Ringnut

1. Kennzeichnen Sie mit einem Farbstift den Weg des Schmierfettes bzw. die Hohlräume, die von dem Fett ausgefüllt werden.

2. Wozu dient die mit „B" gekennzeichnete Öffnung, die momentan mit einem Deckel verschlossen ist?

3. Tragen Sie die Benennungen der in der Zeichnung erkennbaren Dichtelemente ein. Kreuzen Sie in der Tabelle auch die Art der jeweiligen Dichtung an!

Dichtelement	Dichtungsart			
	Berührungsdichtung	berührungsfreie Dichtung	dynamische Dichtung	statische Dichtung

Name | Klasse | Datum

Die Zeichnung der Arretiervorrichtung wurde einmal im eingefahrenen und einmal im ausgefahrenen Zustand dargestellt. Die Funktion der Vorrichtung soll durch den Einbau einer zylindrischen Druckfeder nach DIN 2098 - 2,5 x 20 x 54 verbessert werden. Zeichnen Sie hierzu die Druckfeder in beide Darstellungen ein, wahlweise im Schnitt oder vereinfacht. Zeichnen Sie in der ausgefahrenen Stellung auch die geänderte Lage von Pos. 7 ein. Beachten Sie die Rückseite dieses Arbeitsblattes!

8 – 15
Federn

Montagewand

Rastbolzen eingefahren

Rastbolzen ausgefahren und um 90° gedreht

Hub = 15

arretierbare Stange

7

| Name | | Klasse | Datum |

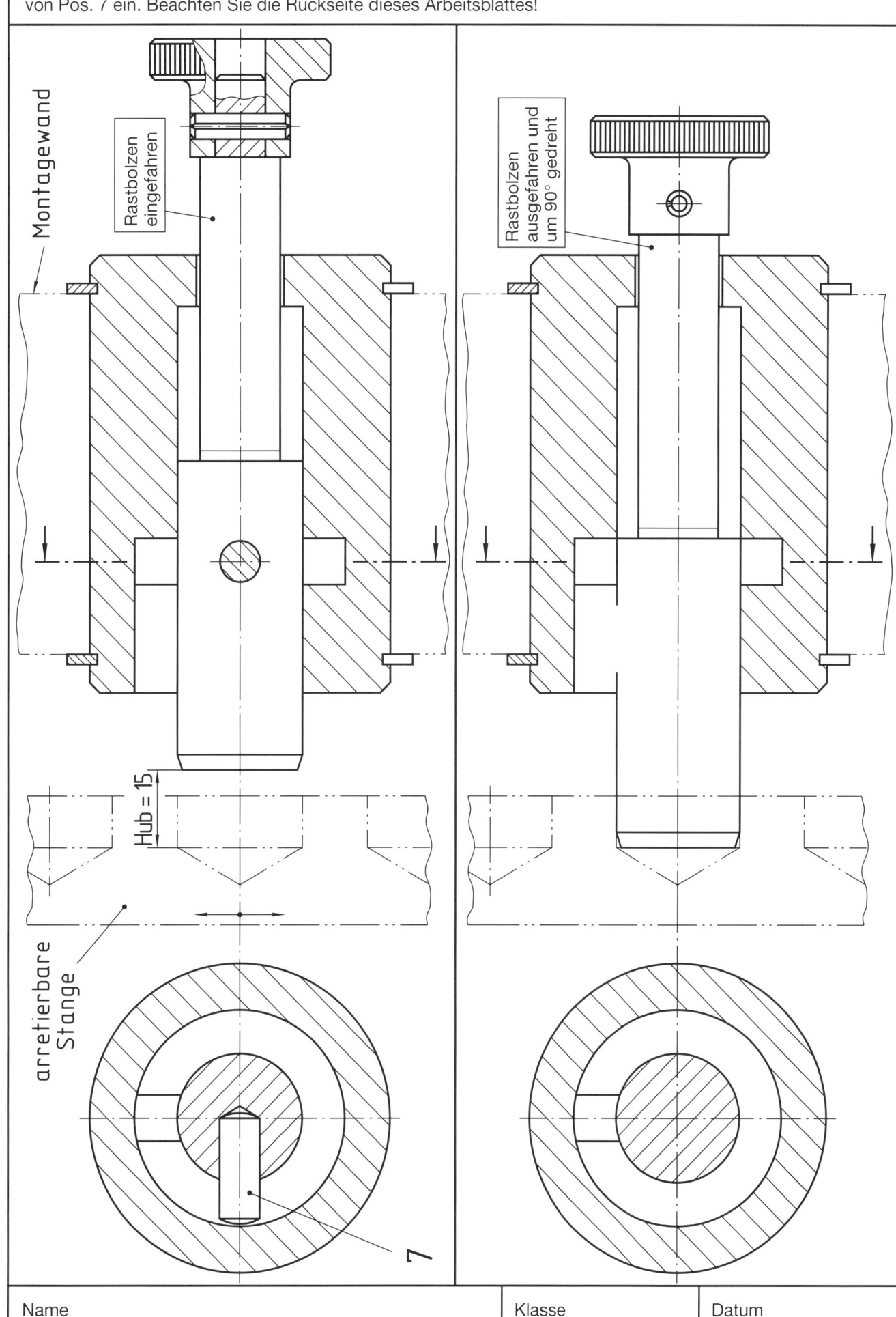

8 – 15a

Lesen Sie die Funktionsbeschreibung und erstellen Sie anschließend eine Demontagebeschreibung.

Funktionsbeschreibung für die Fixiervorrichtung:

Wird die Rändelhülse (3) im Uhrzeigersinn gedreht (Blickrichtung siehe Schnitt), überträgt der Spannstift (4) die Drehbewegung formschlüssig auf den Rastbolzen (2). Dabei wird der im Rastbolzen sitzende Zylinderstift (7) mitgedreht.
Bei einer 90°-Drehung kann sich die Feder (5) entspannen, da der Stift (7) nicht mehr in der Ringnute der Führungshülse (1) gehalten wird. Er kann jetzt durch die geradlinige Nute in der Führungshülse – zusammen mit dem Rastbolzen – nach links gleiten.
Der maximale Hub beträgt 15 mm.
Die Fixiervorrichtung wird in der Montagewand durch zwei Sicherungsringe (6) in axialer Richtung gehalten.

Demontage-Aufgabe

Die Druckfeder (5) ist gebrochen und muss ersetzt werden. Beschreiben Sie die hierzu notwendige Demontagefolge der Einzelteile.

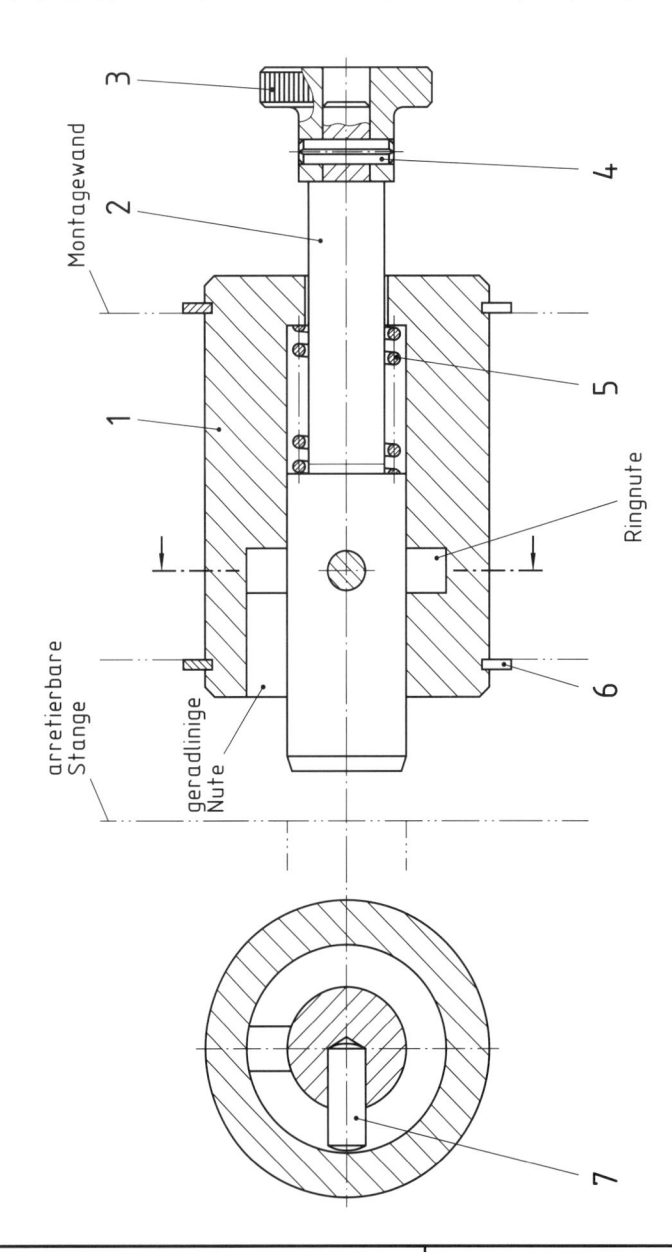

Name		Klasse	Datum

Bearbeiten Sie die Aufgaben.

9 – 1
Schweißzeichen

1. Schreiben Sie die Benennungen der Schweißsymbole unter die jeweilige Darstellung.

a) _____

b) _____

c) _____

d) _____

2. Kennzeichnen Sie durch schwarze Dreiecke die Lage der Schweißnähte in der rechten Abbildung. Die Symbole sind in der linken Abbildung vorgegeben.

3. Tragen Sie in der Seitenansicht die Schweißsymbole nach Aufgabe 2 ein.

Vorderansicht   Seitenansicht

4. Welche Symboldarstellung ist nach der Illustration falsch?

Illustration

☐ a)   ☐ b)   ☐ c)

5. Erklären Sie die dargestellte Schweißnahtkennzeichnung:

a6 ⊿ 3 × 30 (30)   A

Maß 10

a	
6	
⊿	
3 × 30	
(30)	
A	
Maß 10	
———	
– – –	

Name	Klasse	Datum

9 – 1a

Benutzen Sie dieses Arbeitsblatt zur Lösung der Aufgabe auf Arbeitsblatt 9 – 2.
Bearbeiten Sie die Aufgaben im unteren Teil des Arbeitsblattes!

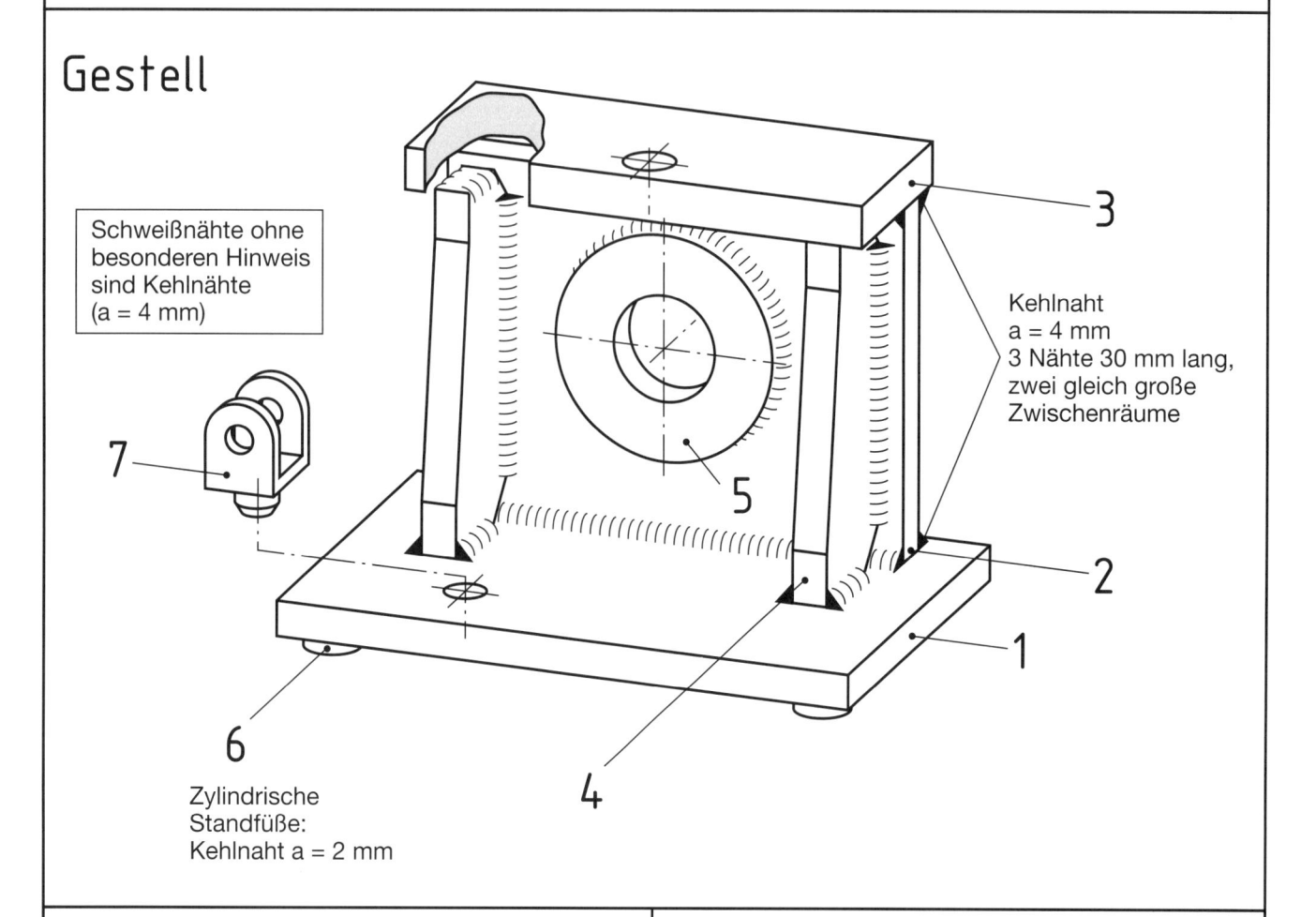

Gestell

Schweißnähte ohne besonderen Hinweis sind Kehlnähte (a = 4 mm)

Kehlnaht
a = 4 mm
3 Nähte 30 mm lang, zwei gleich große Zwischenräume

Zylindrische Standfüße:
Kehlnaht a = 2 mm

1. Erstellen Sie eine Aufbauübersicht für die sieben Teile des Gestells. Bilden Sie dabei Untergruppen, die zusammen mit anderen Teilen gefügt werden:

   1 = Grundplatte
   2 = Rückwand
   3 = Trägerplatte
   4 = Stützblech
   5 = Scheibe
   6 = Standfuß
   7 = Lagerstück

   Gestell

2. Erstellen Sie einen einfachen Schweißfolgeplan für die Schweißgruppe Gestell:

Nr.	Arbeitsvorgang

Name | Klasse | Datum

en Hinweis auf die Allgemeintoleranzen für Schweiß-
klasse B). Der Gegenstand soll nach dem Schweißen
Gefügespannungen im Werkstoff gemindert werden.
zur Lagebestimmung der Teile notwendig sind.

9 -2

Schweißgruppe
Bohrvorrichtung

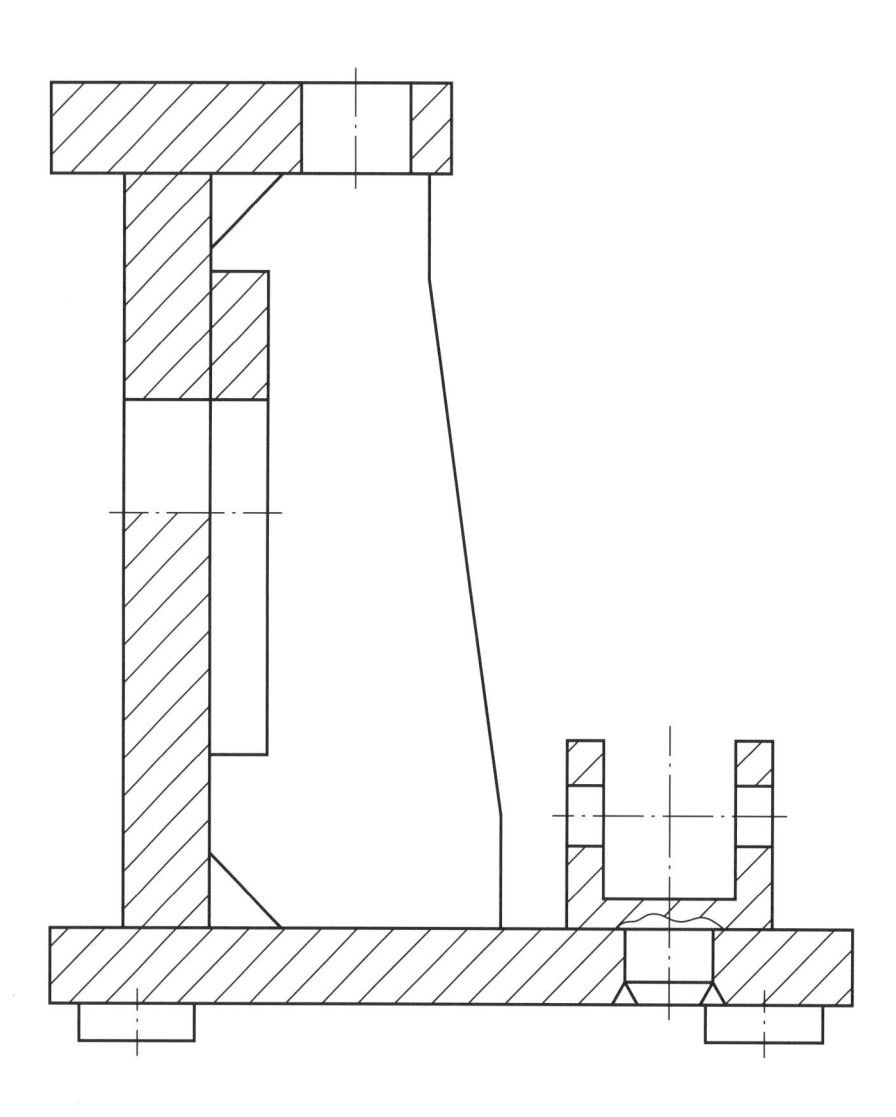

				Datum	Name		
			Bearb.			Maßstab 1:1	Gewicht
			Gepr.			ISO 1302	
			Norm				
			Abt.				

Gestell für Bohrvorrichtung
Schweißgruppe

westermann 150.12

Blatt 2
2 Bl.

Änderung | Datum | Name | Ursprung | Ersatz für: | Ersetzt durch:

Die Zeichnung zeigt eine Schweißgruppe für ein Gestell einer Bohrvorrichtung. Tragen Sie die erforderlichen Schweißnahtsymbole nach den Angaben von Arbeitsblatt 9 – 1a ein. Das gabelförmige Lagerstück soll am Zapfen mit einer flachen V-Naht (a = 2 mm) geschweißt werden.

Tragen Sie im Schriftfeld ein
konstruktionen ein (Toleranz
so behandelt werden, dass
Tragen Sie nur Maße ein, die

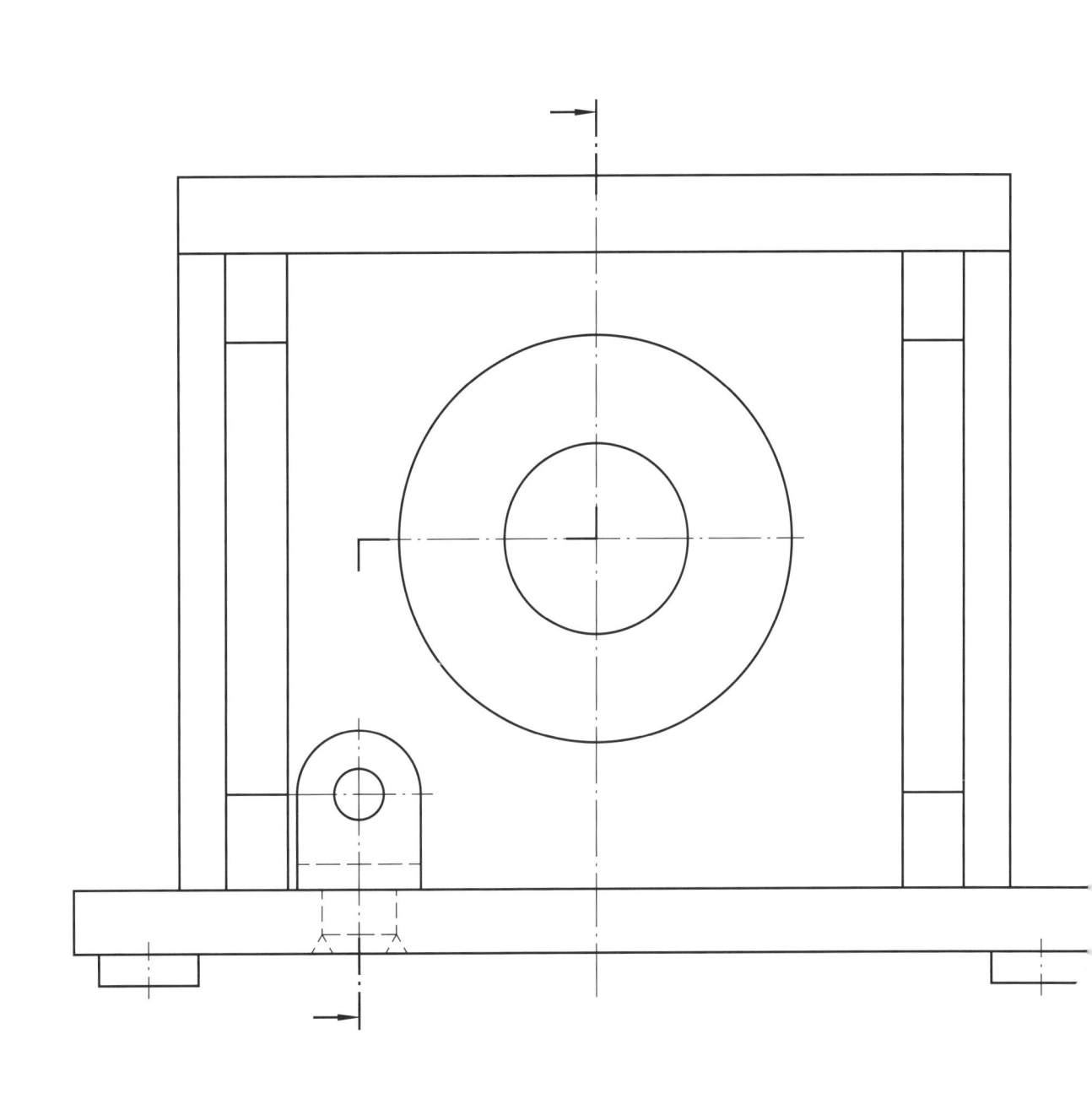

Schweißverfahren: 111/EN 25817

Zusatzwerkstoff:
EN 499 - 35 2 B

Gesamt-Zeichnung die **Ausbaurichtung** der Antriebswelle durch
bei den zu demontierenden Teilen mit einem Farbstift die **Verbin-**
denen eine Pressverbindung vorliegt.

10 - 1

Demontageplanung

2 5 21 25 35 36 – 37

Abtriebswelle des Motors

13 14 18 10 34

15

			ISO 2368 – m	ISO 1302	Maßstab 1:1	(Gewicht)
			Datum	Name	Stirnrädergetriebe	
			Bearb.			
			Gepr.			
			Norm			
			Abt.			
			westermann			Blatt
						Bl.
Änderung	Datum	Name	Ursprung		Ersatz für:	Ersetzt durch:

Im Rahmen der Wartungsarbeiten am Getriebe sollen die beiden Lager der Antriebswelle ausgetauscht werden.

1. Umrahmen Sie die Pos.-Nr. aller **Verbindungselemente**, die dazu demontiert werden müssen, in der Gesamt-Zeichnung und dem Stücklistensatz (Arbeitsblatt 10 – 2).

2. Geben Sie in de einen Pfeil an.
3. Kennzeichnen Si **dungsstellen**, an

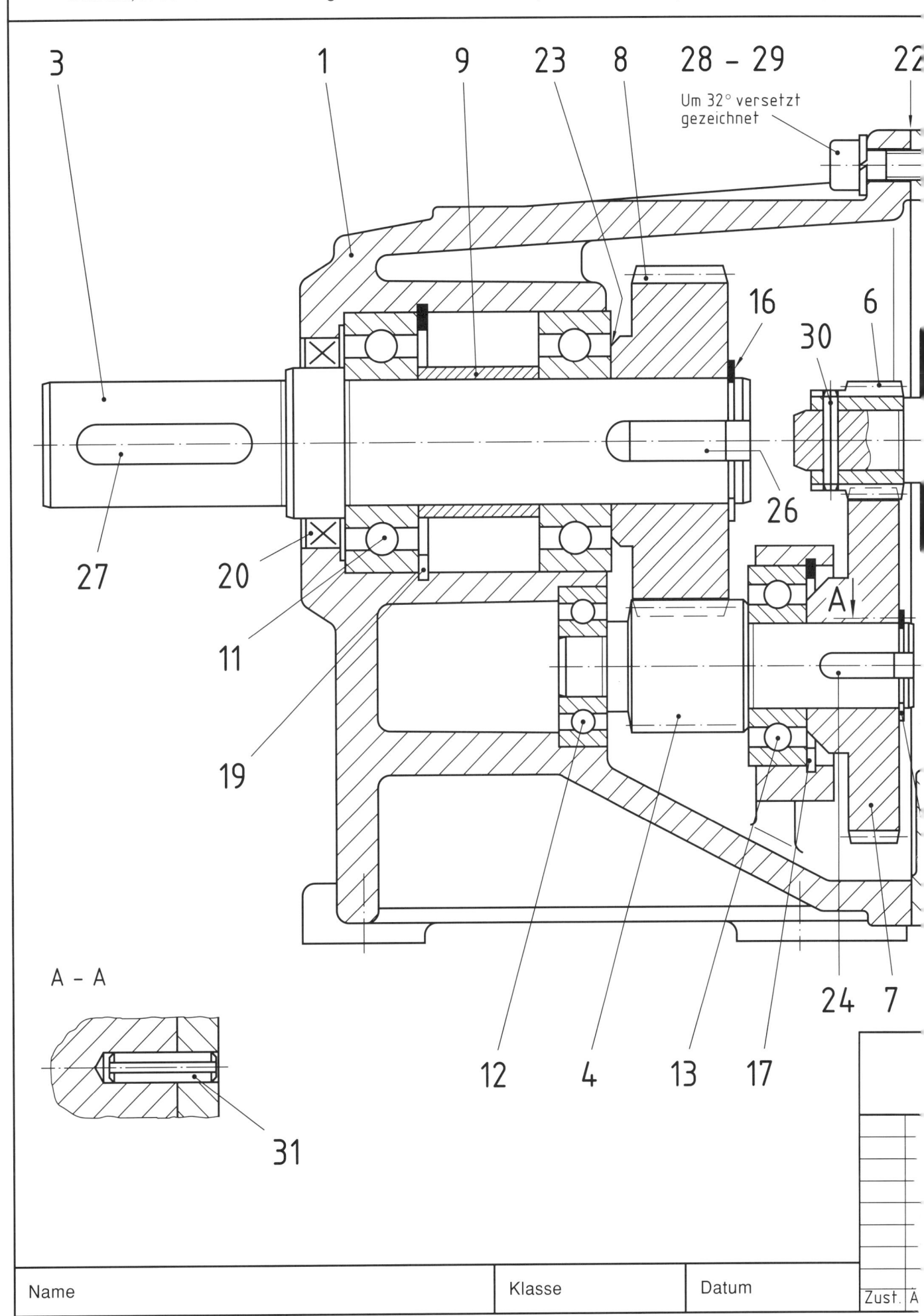

Um 32° versetzt gezeichnet

A – A

zu Arbeitsblatt 10 – 1 Stücklistensatz des Stirnrädergetriebes.

10 – 2 Demontageplanung

1 Pos.	2 Menge	3 Einh.	4 Benennung	5 Sachnummer/Norm-Kurzbezeichnung	6 Werkstoff
1	1	Stck.	Gehäuse	022.01.01	
2	1	Stck.	Lagerdeckel	022.01.02	
3	1	Stck.	Abtriebswelle	022.01.03	
4	1	Stck.	Ritzelwelle	022.01.04	
5	1	Stck.	Antriebswelle	022.01.05	
6	1	Stck.	Ritzel	022.01.06	
7	1	Stck.	Stirnrad	022.01.07	
8	1	Stck.	Stirnrad	022.01.08	
9	1	Stck.	Buchse	022.01.09	
10	1	Stck.	Buchse	022.01.10	
11	2	Stck.	Rillenkugellager	DIN 625-6205	
12	1	Stck.	Rillenkugellager	DIN 625-6201	
13	2	Stck.	Rillenkugellager	DIN 625-6203	
14	1	Stck.	Rillenkugellager	DIN 625-6302	
15	1	Stck.	Sicherungsring	DIN 471-17x1	
16	1	Stck.	Sicherungsring	DIN 471-25x1,2	
17	1	Stck.	Sicherungsring	DIN 472-40x1,75	
18	1	Stck.	Sicherungsring	DIN 472-42x1,75	
19	1	Stck.	Sicherungsring	DIN 472-52x2	
20	1	Stck.	Wellendichtring	DIN 3760-A30x42x7	NBR
21	1	Stck.	Wellendichtring	DIN 3760-A20x42x7	NBR
22	1	Stck.	Flachdichtung		Bestellteil
23	1	Stck.	Passscheibe	DIN 988-25x35x0,1	
24	1	Stck.	Passfeder	DIN 6885-A5x5x18	gekürzt
25	1	Stck.	Passfeder	DIN 6885-A5x5x25	E 295 +C
26	1	Stck.	Passfeder	DIN 6885-B8x7x20	E 295 +C
27	1	Stck.	Passfeder	DIN 6885-A8x7x36	E 295 +C
28	8	Stck.	Zylinderschraube	ISO 4762-M6x20	8.8
29	8	Stck.	Federring	DIN 128-A6	FSt
30	1	Stck.	Spannstift	ISO 8752-3x20	
31	2	Stck.	Spannstift	ISO 8752-6x20	
32	1	Stck.	Verschlussschraube	DIN 908-M12x1,5	St
33	1	Stck.	Dichtring	DIN 7603-A12x18	St
34	2	Stck.	Scheibenkupplung	024.02.01	
35	2	Stck.	Passschraube	DIN 609-M8x65-8.8	
36	2	Stck.	Sechskantmutter	ISO 4032-M8-8	
37	2	Stck.	Federring	DIN 128-A8	FSt

Stirnrädergetriebe — westermann

Um das Stirnrädergetriebe zerlegen zu können, muss die Scheibenkupplung gelöst werden.
Beschreiben Sie stichwortartig die Demontage der Scheibenkupplung.

10 – 3

Demontageplanung

Schema-Zeichnung:

- Keilriemen
- Riemenscheibe
- Stirnrädergetriebe
- Scheibenkupplung
- Motor

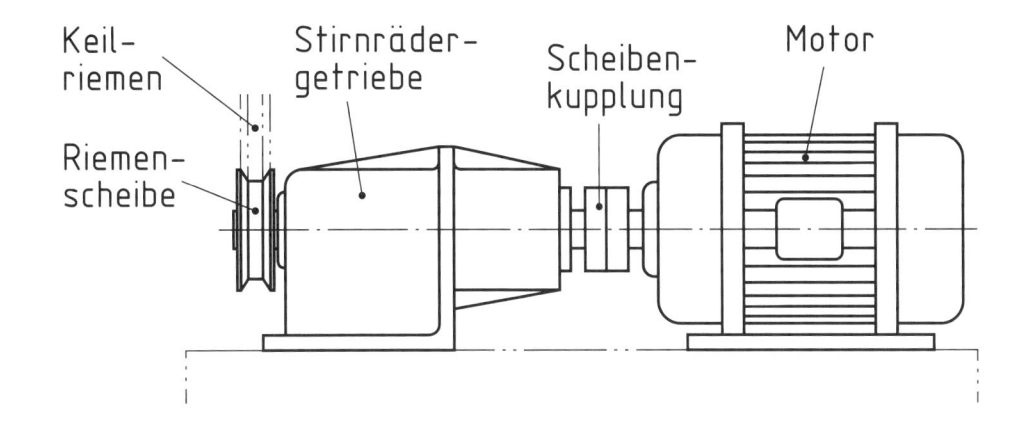

1. Ausbau des Getriebes:

   _____
   _____
   _____
   _____

2. Demontage der Scheibenkupplung:

   _____
   _____
   _____
   _____
   _____

| Name | Klasse | Datum |

10 – 3a Erstellen Sie einen Demontageplan zum Ausbau der Lager aus der Baugruppe Deckel. Das Stirnradgetriebe ist bereits zerlegt in die Baugruppen Deckel und Gehäuse.

westermann

ARBEITSPLAN

Blatt-Nr. ____ Anzahl Blätter ____

Benennung: ____
Zeichn.-Nr. / Sach-Nr.: ____
Werkst./Halbzeug: ____

Auftrags-Nr.: ____
Ausstell-Datum: ____
Stückzahl: ____
Termin: ____

Name: ____
Vorname: ____
Klasse/Gr.: ____
Kontr.-Nr.: ____

☐ Einzelteil ☐ Demontage
☐ Montage   ☐

Lfd. Nr.	Arbeitsvorgang	Arbeitsplatz	Arbeitsmittel	Arbeitswerte/ Bemerkungen

Erstellen Sie einen Montageplan für die Baugruppe Deckel.

10 – 4

Montageplanung

westermann

ARBEITSPLAN

| Benennung | | Zeichn.-Nr. | | Blatt-Nr. | Anzahl Blätter |
| | | Sach.-Nr. | | | |

Werkst./Halbzeug

☐ Einzelteil ☐ Demontage
☐ Montage ☐

Auftrags-Nr.:	Name:
Ausstell-Datum:	Vorname:
Stückzahl:	Klasse/Gr.:
Termin:	Kontr.-Nr.:

Lfd. Nr.	Arbeitsvorgang	Arbeitsplatz	Arbeitsmittel	Arbeitswerte/Bemerkungen

© westermann - Arbeitsblatt Technische Kommunikation Metalltechnik Fachbildung (Best.-Nr. 23 1123)

WORKING PLAN

10 – 4a assembly planning

Create an assembly plan for the module cover.

westermann

description	drawing number Part No.:	order number:	surname:	number of sheets
material/semis:		date of issue:	first name:	sheet number
☐ component	☐ disassembly	quantity	class/group:	
☐ assembly	☐	deadline:	account number:	

No	working process	workplace	work equipment	values/remarks

Die Kupplungsscheiben sollen durch eine Neuanfertigung ausgetauscht werden.
Skizzieren Sie eine Kupplungsscheibe mit allen zur Ersatzteilanfertigung notwendigen Angaben.
Zum Festlegen der Maße, Toleranzen und Oberflächenbeschaffenheit von Passflächen und Anlageflächen bearbeiten Sie die Aufgaben auf der Rückseite.

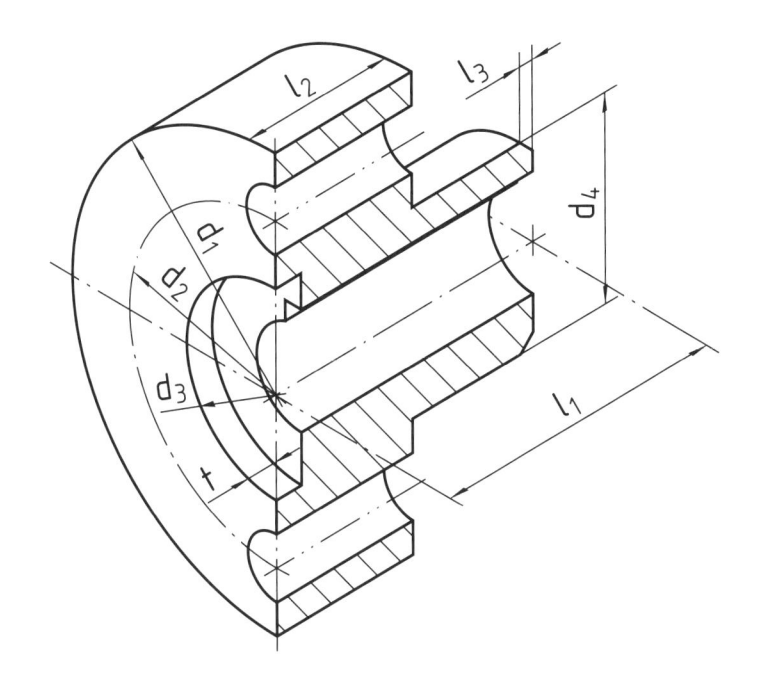

10 – 5
Ersatzteilanfertigung

gemessene Maße	
d_1	64 mm
d_2	46 mm
d_3	28 mm
d_4	28 mm
t	4 mm
l_1	40,5 mm
l_2	21,5 mm
l_3	2x45°

Name	Klasse	Datum

10 – 5a

Bearbeiten Sie nachfolgende Aufgaben zur Ersatzteilanfertigung der Kupplungsscheiben.

1. Legen Sie die Maße, ISO-Toleranzen und Oberflächenbeschaffenheit für folgende Bearbeitungsformen fest: (Teil-Zeichnung der Antriebswelle Arbeitsblatt 10 – 7)

	Maße	Toleranzen	Oberflächenbeschaffenheit
Bohrung für Wellenzapfen			
Bohrung für Passschraube			
Passfedernutbreite:			
Passfedernuttiefe			

2. An welche Bearbeitungsformen sind besondere Anforderungen hinsichtlich der Form- und Lagegenauigkeit zu stellen? Beschreiben Sie die Anforderungen und geben Sie die Art der Toleranz an:

Bearbeitungsform	Anforderungen	Toleranz

3. Beschreiben Sie eine mögliche Vorgehensweise bei der Fertigung um die Lagetoleranz bei den Bohrungen einzuhalten.

_____

_____

_____

_____

4. Bestimmen Sie die Rohteilabmessungen und einen geeigneten Werkstoff:

_____

Name		Klasse	Datum

Planen Sie das **Drehen** der Kupplungsscheibe auf einer konventionellen Drehmaschine. Beachten Sie die Aufgaben auf der Rückseite.

10 – 6

Ersatzteil-anfertigung

westermann

ARBEITSPLAN

Benennung	Zeichn.-Nr. Sach-Nr.	Auftrags-Nr.: Ausstell-Datum:	Blatt-Nr.	Anzahl Blätter
Werkst./ Halbzeug		Stückzahl: Termin:	Name: Vorname: Klasse/Gr.: Kontr.-Nr.:	

☐ Einzelteil ☐ Demontage
☐ Montage

Lfd. Nr.	Arbeitsvorgang	Arbeitsplatz	Arbeitsmittel	Arbeitswerte/ Bemerkungen

© *westermann* - Arbeitsblatt Technische Kommunikation Metalltechnik Fachbildung (Best.-Nr. 23 1123)

10 – 6a

Bearbeiten Sie die nachfolgenden Aufgaben.

1. Skizzieren Sie die Aufspannungen zum Drehen der Kupplungsscheibe.

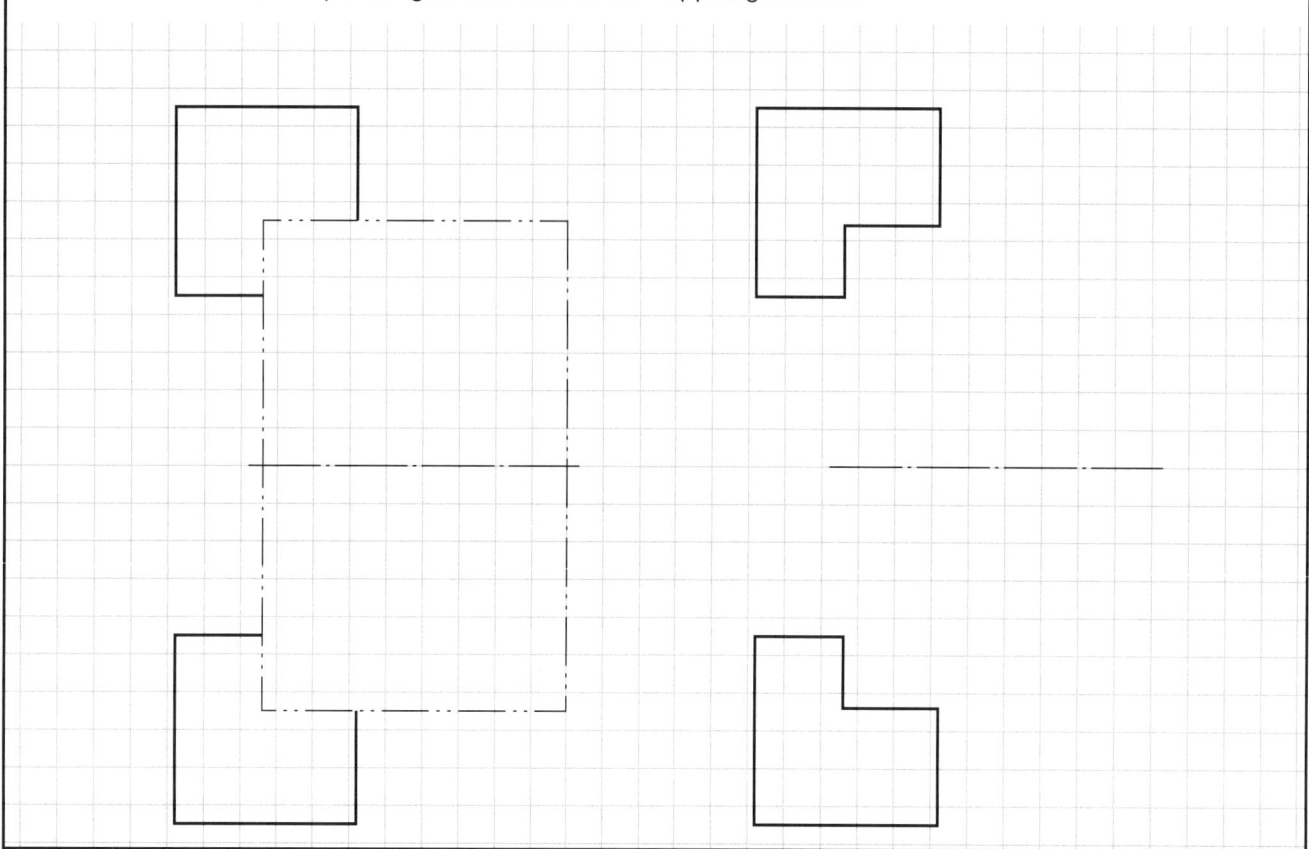

2. Wählen Sie die zum Drehen notwendigen Werkzeuge. Überprüfen Sie die Richtwerte.
An der Maschine sind Umdrehungsfrequenzen nach der Reihe R20/3 schaltbar.

Werkzeuge	Richtwerte
Gebogener Drehmeißel DIN 4972-R1616-P10	$f = 0,25$ mm; $v_c = 200 \frac{m}{min}$
Abgesetzter Eckdrehmeißel DIN4978-R1616-P10	Vordrehen: $f = 0,5$ mm; $a_p = 5$ mm; $v_c = 100 \frac{m}{min}$ Fertigdrehen: $f = 0,25$ mm; $a_p = 1$ mm; $v_c = 200 \frac{m}{min}$
Inneneckdrehmeißel DIN4974-R1616-P10	$f = 0,25$ mm; $v_c = 200 \frac{m}{min}$
HSS-Zentrierbohrer DIN333-A2,5	$v_c = 30 \frac{m}{min}$
HSS-Spiralbohrer DIN338 Typ N-⌀6 DIN338 Typ N-⌀13,7	$v_c = 30 \frac{m}{min}$
Maschinenreibahle DIN212-⌀14H7	$v_c = 8 \frac{m}{min}$

Name	Klasse	Datum

Erstellen Sie einen Arbeitsplan für das Drehen der Antriebswelle auf einer CNC-Werkzeugmaschine.
Die Welle soll mit allen Formelementen und tolerierten Maßen fertiggedreht werden.
Für die Werkzeugwahl beachten Sie den Werkzeugplan auf der Rückseite des Blattes.

10-7

CNC-Fertigung

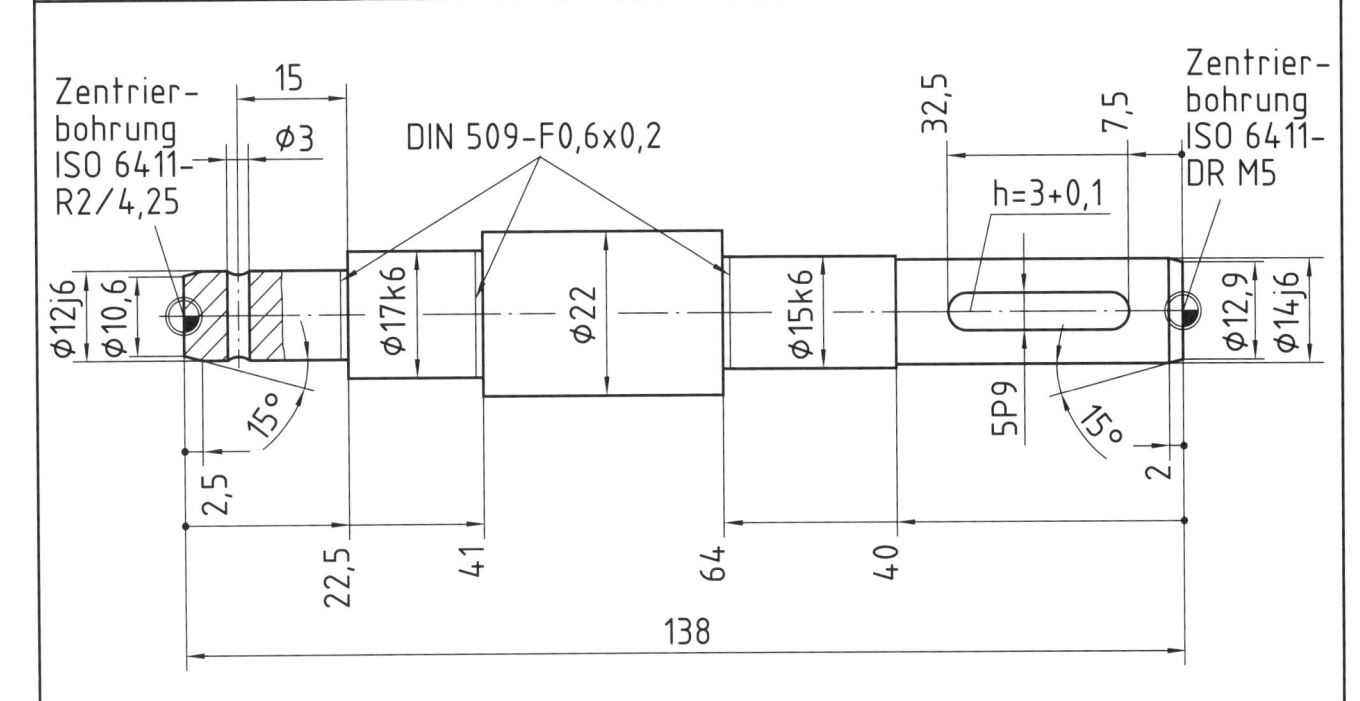

Zentrierbohrung ISO 6411-R2/4,25

15
Ø3
DIN 509-F0,6x0,2

Zentrierbohrung ISO 6411-DR M5

32,5
7,5
h=3+0,1

Ø12j6
Ø10,6
Ø17k6
Ø22
Ø15k6
5P9
Ø12,9
Ø14j6

15°
2,5
22,5
41
64
40
2
15°
138

Antriebswelle
Rd EN 10278-22h9x140-38Cr2+C

			Programm-Nr.		
westermann	**ARBEITSPLAN**		Blatt:	von:	
		Name:	Klasse:	Datum:	
Maschinen-Typ		Werkstück			
Steuerungs-Typ		Zeichnungs-Nr.			
Masch.-Nr.		Werkstoff			
		Rohteil			

Lfd. Nr.	Arbeitsvorgang	Werkzeug-Nummer	Schnittgeschw. m/min	Umdrehungsfrequenz min⁻¹	Vorschub mm/U	Spantiefe mm	Bemerkungen

Name		Klasse		Datum	

10 – 7a Wählen Sie die zum Drehen der Antriebswelle notwendigen Werkzeuge aus und tragen Sie sie in den Werkzeugplan ein.

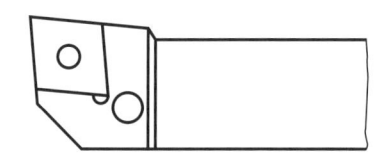

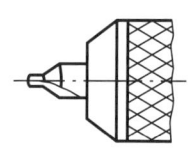

R = 0,6 ϰ = 95° P20 **T01 Linker Längs- und Plandrehmeißel**	**T04 HSS-Zentrierbohrer DIN 333-R2**
R = 0,6 ϰ = 107°30' P10 **T02 linker Kopiermeißel**	**T05 HSS-Stufenbohrer DR M5**
R = 0,4 ϰ = 72°30' P10 **T03 Kopierdrehmeißel**	**T06 Maschinengewindebohrer DIN 376-M5**

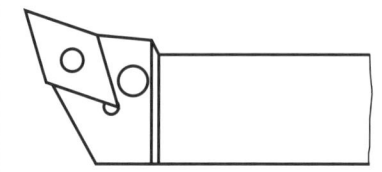

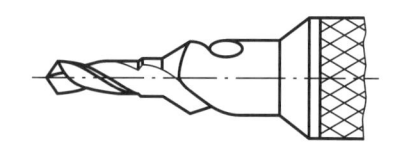

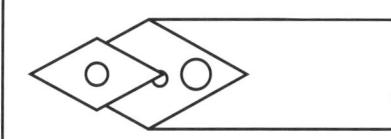

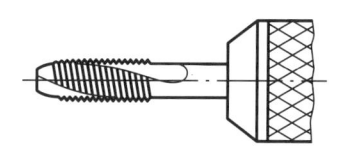

westermann — **WERKZEUGPLAN**

Programm-Nr.
Blatt: von:
Tag: Name: gepr.:

Maschinen-Typ		Werkstück	
Steuerungs-Typ		Zeichnungs-Nr.	
Masch.-Nr.		Werkstoff	
		Rohteil	

Werkz. Nr.	Korr. Nr.	Werkzeug-Benennung	Ident.-Nr.	Ecken-radius	0 (X)

Name | Klasse | Datum

Erstellen Sie einen Spannplan zum CNC-Drehen der Antriebswelle. Das Werkzeug befindet sich hinter der Drehmitte. Der Werkzeugwechselpunkt soll auf den Koordinaten X = 100 und Z = 150 liegen.

10 – 8
CNC-Fertigung

westermann — EINRICHTEBLATT

Programm-Nr.
Name:
Klasse: Datum:

Maschinen-Typ		Werkstück	
Steuerungs-Typ		Zeichnungs-Nr.	
Masch.-Nr.		Werkstoff	
		Rohteil	

	X	Y	Z		
Referenzpunkt				Spannmittel	
Werkstücknullpunkt				Vorrichtung	
Werkzeugwechselpunkt				Spanndruck	
				Kühlschmierstoff	

1. Aufspannung: Dreibackenfutter

2. Aufspannung: Spannzange

Name		Klasse	Datum

10 – 8a

Geben Sie die Lage der Konturpunkte, der Hilfspunkte und des Werkzeugwechselpunktes an. Erläutern Sie auch die Punkte in der Bemerkungsspalte.
Bei den tolerierten Maßen ist die Toleranzmitte anzugeben. Bearbeitungsstartpunkt und Bearbeitungsende sollen jeweils 1mm vor der Werkstückkante liegen.

Skizze der linken Wellenkontur:

Freistiche DIN 509-F0,6x0,2

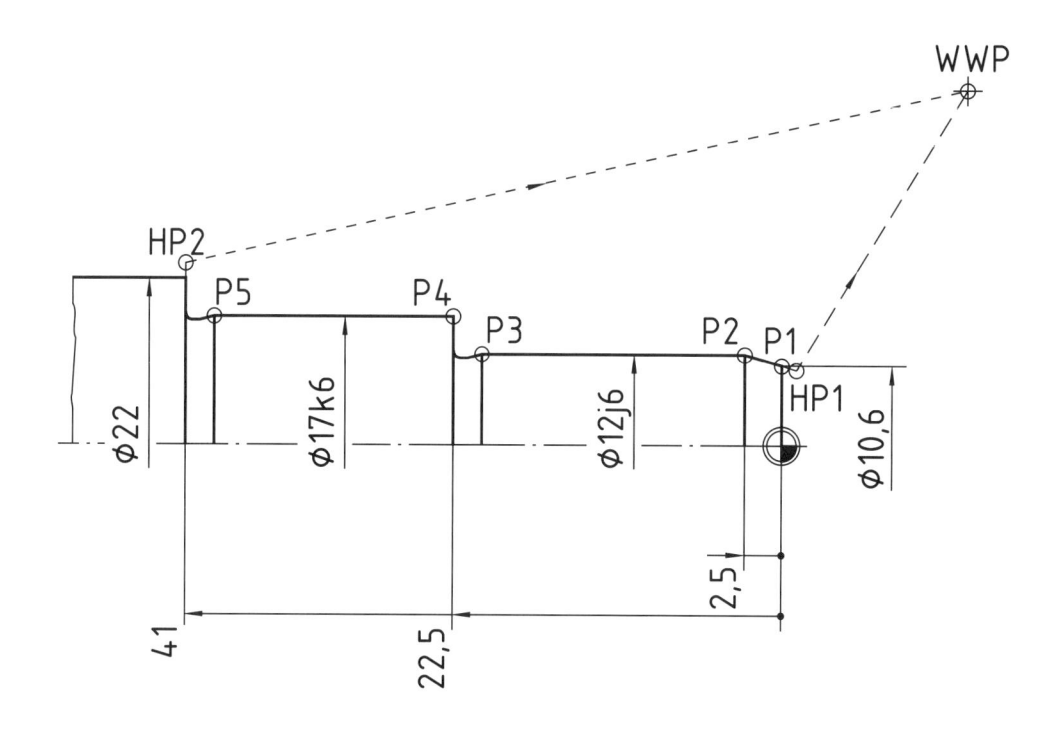

Punkt	X	Z	Bemerkungen
WWP			

Name		Klasse	Datum

10 – 9

CNC-Fertigung

Analysieren Sie das Programm für die Fertigbearbeitung der rechten Wellenkontur. Erläutern Sie dazu die Eintragungen in der Spalte Wegbedingung und Zusatzfunktion in der Bemerkungsspalte.

PROGRAMMBLATT

Masch.-Nr.:
Zeichn.-Nr.:
Programmnr.:
Blatt: von
Name:
Datum:
Klasse:

Satz-Nr.	geometrische Anweisungen					technologische Anweisungen				Bemerkungen
	Weg-bedingung	Koordinatenachsen		Interpolations-parameter		Vor-schub	Geschwin-digkeit	Werk-zeug	Zusatzfunktionen	
N	G	X	Z	I	K	F	S	T	M	
% 437										
N 10	G 00 G 90	X 100	Z 150							
N 20	G 95 G 96					F 0,05	S 200	T 02	M 06	
N 30									M 55	
N 40		X 11,8	Z 2						M 04	
N 50	G 01 G 42	X 12,9	Z 0							
N 60		X 14,003	Z -2							
N 70			Z -40							
N 80		X 15,006								
N 90			Z -62							
N 100	L 509									
N 110	G 01	X 23								
N 120	G 00 G 40	X 100	Z 150							
N 130									M 54	
N 140									M 30	

10 - 9a

Bearbeiten Sie die nachstehenden Aufgaben mit Hilfe des Arbeitsblattes 10 – 9.

1. Skizzieren Sie den Verfahrweg des Drehmeißels, um die rechte Wellenkontur fertig zu drehen (Eilgang als Strichlinie, Vorschub als Volllinie).

   Skizze der rechten Wellenkontur:

   M 2:1 (außer der Lage des WWP)

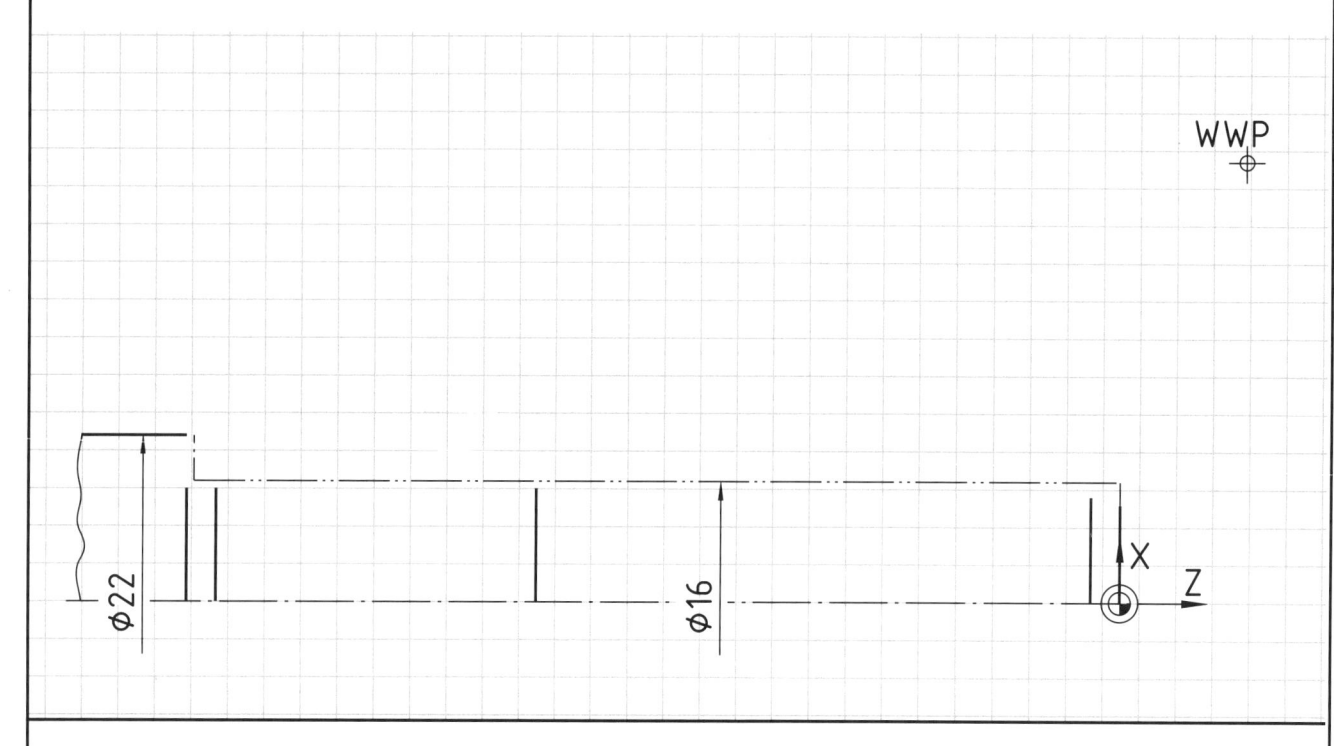

2. Erklären Sie folgende Maßangaben im CNC-Programm für die rechte Wellenkontur.

   a) X 11,8; Z2: _____

   b) X 14,003: _____

   c) X 15,006: _____

   d) X 23: _____

| Name | Klasse | Datum |

Schreiben Sie für das Drehen eines Freistiches DIN 509 - F0,6x0,2 ein Unterprogramm. Der Startpunkt soll auf der Werkstückkante beim Übergang vom Zylinder zum Freistich liegen. Die Maßangabe soll inkremental erfolgen.
Bearbeiten Sie vorher die Rückseite des Blattes.

10 – 10

CNC-Fertigung

PROGRAMMBLATT	Masch.-Nr.:							Programmnr.:		Name:	
	Zeichn.-Nr.:							Blatt: von		Datum:	
	geometrische Anweisungen							technologische Anweisungen		Klasse:	
Satz-Nr.	Weg-bedingung	Koordinatenachsen		Interpolations-parameter		Vor-schub	Geschwin-digkeit	Werk-zeug	Zusatzfunktionen		Bemerkungen
N	G	X	Z	I	K	F	S	T	M		

10 – 10a   Berechnen Sie die Konturpunkte P0 bis P5. Tragen Sie die errechneten Maße in die Skizze im Maßstab 50:1 ein.

Freistich DIN 509-F0,6×0,2

M 50:1

M 10:1

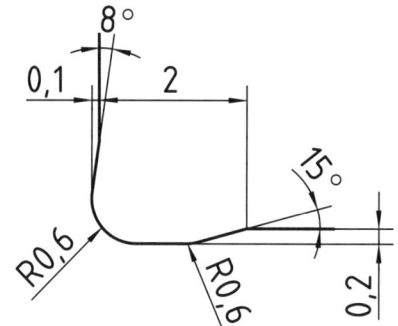

*vereinfacht

$x_5 =$

$z_1 =$

$z_3 =$ $z_2 =$

$x_2 =$ $x_1 =$

Dreieck 1:

$z_2 =$

$l =$

$x_2 =$

Dreieck 2:

$x_1 =$

$z_1 =$

$x_3 =$

Dreieck 3:

$x_5 =$

Name	Klasse	Datum

Schaltungsunterlagen zur elektropneumatischen Steuerung der Presse.
Analysieren Sie die Schaltungsunterlagen der Presse durch Bearbeiten der Aufgaben auf den nachfolgenden Blättern.

11 – 1

Elektropneumatische Schaltungen

Funktionsweise:

Auf einer Presse sollen Lagerbuchsen in ein Laufrad eingepresst werden. Das geschieht über den Pressenzylinder. Durch einen Taktzylinder wird der Rundtisch weitergeschaltet.

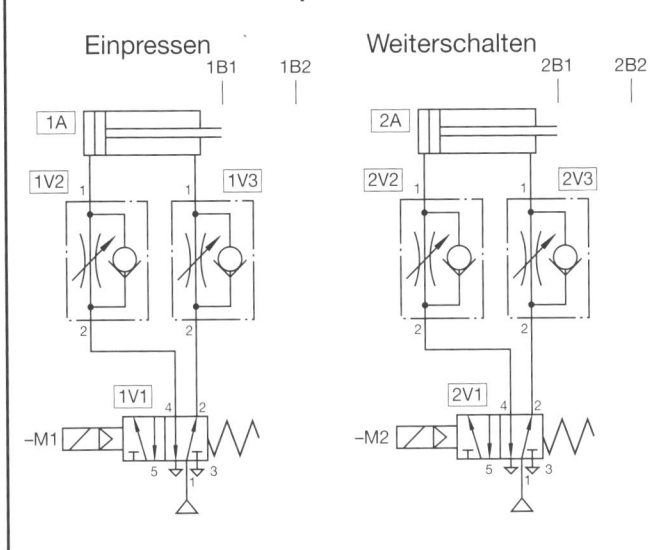

Lageplan:

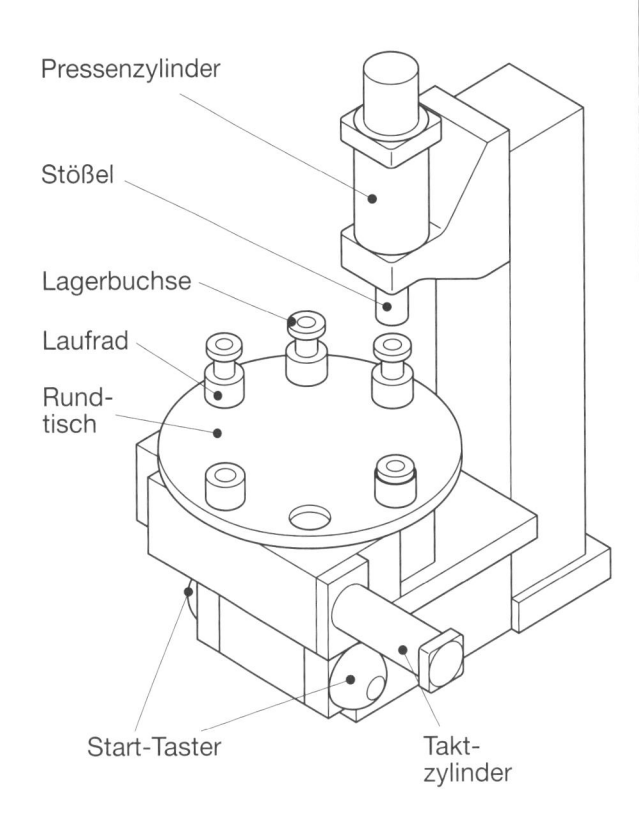

- Pressenzylinder
- Stößel
- Lagerbuchse
- Laufrad
- Rundtisch
- Start-Taster
- Taktzylinder

Pneumatischer Schaltplan

Einpressen — 1B1, 1B2, 1A, 1V2, 1V3, 1V1, −M1

Weiterschalten — 2B1, 2B2, 2A, 2V2, 2V3, 2V1, −M2

Stromlaufplan

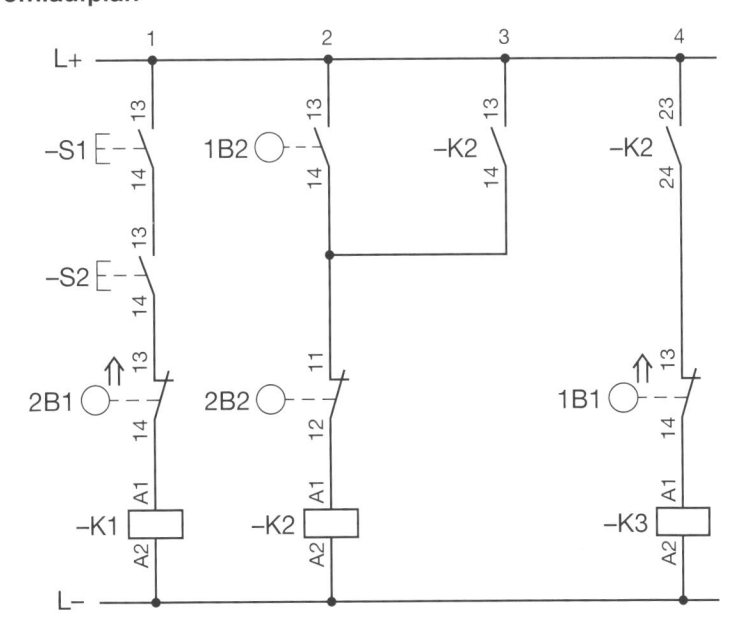

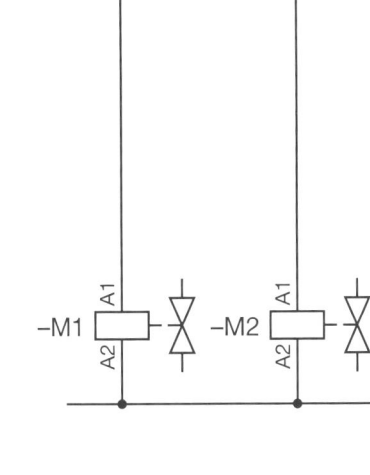

Kontakte	Pfad

Kontakte	Pfad

Kontakte	Pfad

Name | Klasse | Datum

Zu Arbeitsblatt 11 – 1: Schaltungsunterlagen der elektropneumatischen Steuerung der Presse.
Bearbeiten Sie die nachfolgenden Aufgaben.

11 – 2

Elektropneumatische Schaltungen

1. Erklären Sie die in der Schaltung verwendeten Schalter.

    Schalter –S1 _____

    Schalter –S4 _____

    Schalter –S5 _____

    Schalter –S6 _____

2. Geben Sie die Bedeutung der Doppelpfeile bei den Grenztastern an.

    _____

    _____

3. Ergänzen Sie die Schaltgliedertabellen für die Relais auf dem Arbeitsblatt 11 – 1.

4. Skizzieren Sie das Relais –K2 in zusammenhängender Darstellung. Geben Sie auch die Betriebsmittel- und Anschlusskennzeichnung an.

5. Beschreiben Sie die Aufgabe der Schaltkontakte von Relais –K2 in den einzelnen Strompfaden.

    Strompfad 3: _____

    Strompfad 4: _____

6. Beschreiben Sie stichwortartig den Steuerungsablauf.

    _____

    _____

    _____

    _____

    _____

    _____

    _____

    _____

    _____

Name	Klasse	Datum

11 – 2a Zu Arbeitsblatt 11 – 1: Schaltungsunterlagen der elektropneumatischen Steuerung der Presse.

7. Zeichnen Sie die Arbeitsschritte der Zylinder 1A und 2A sowie die Schaltzustände der Stellglieder 1V1 und 2V1 in das Zustandsdiagramm ein. Stellen Sie auch die Signallinien dar.

Bauglieder

Benennung	Kennz.	Zustand
doppelt wirkender Zylinder	1A	ausgefahren
		eingefahren
5/2-Wegeventil	1V1	geschaltet
		rückgeschaltet
doppelt wirkender Zylinder	2A	ausgefahren
		eingefahren
5/2-Wegeventil	2V1	geschaltet
		rückgeschaltet

Zeit (s)

Schritt   1

8. Beschreiben Sie die Aufgabe des Grenztasters –S5.

_____
_____

9. Beurteilen Sie die Sicherheit der Presse durch die Zweihandbetätigung beim Start über die Handtaster –S1 und –S2.

_____
_____
_____
_____

10. Beschreiben Sie die Startbedingungen für die Presse.
    a) Ergänzen Sie dazu den Funktionsplan und geben Sie an den Eingängen und dem Ausgang auch die Betriebsmittelkennzeichen in Klammern an.
    b) Stellen Sie auch die Funktionstabelle auf.

    a) Funktionsplan

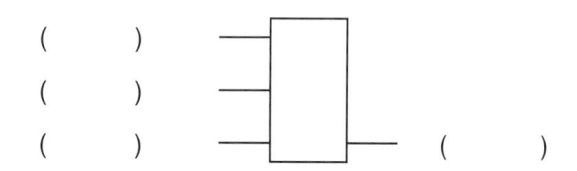

    ( )
    ( )
    ( )   ( )

    b) Funktionstabelle

E1	E2	E3	A

Name		Klasse	Datum

Untersuchen Sie die Startbedingungen der Presse mit einer Zweihand-Sicherheits-Schaltung.
Beschreiben Sie den Steuerungsablauf, wenn
a) der Starttaster –S2 einige Zeit später als der Starttaster –S1 betätigt wird,
b) beide Starttaster –S1 und –S2 gleichzeitig betätigt werden und
c) kurzzeitig der Starttaster –S1 nicht betätigt wird (während der Zylinder 1A ausfährt).

11 – 3

Stromlaufpläne

Stromlaufplan mit Zweihand-Sicherheits-Schaltung

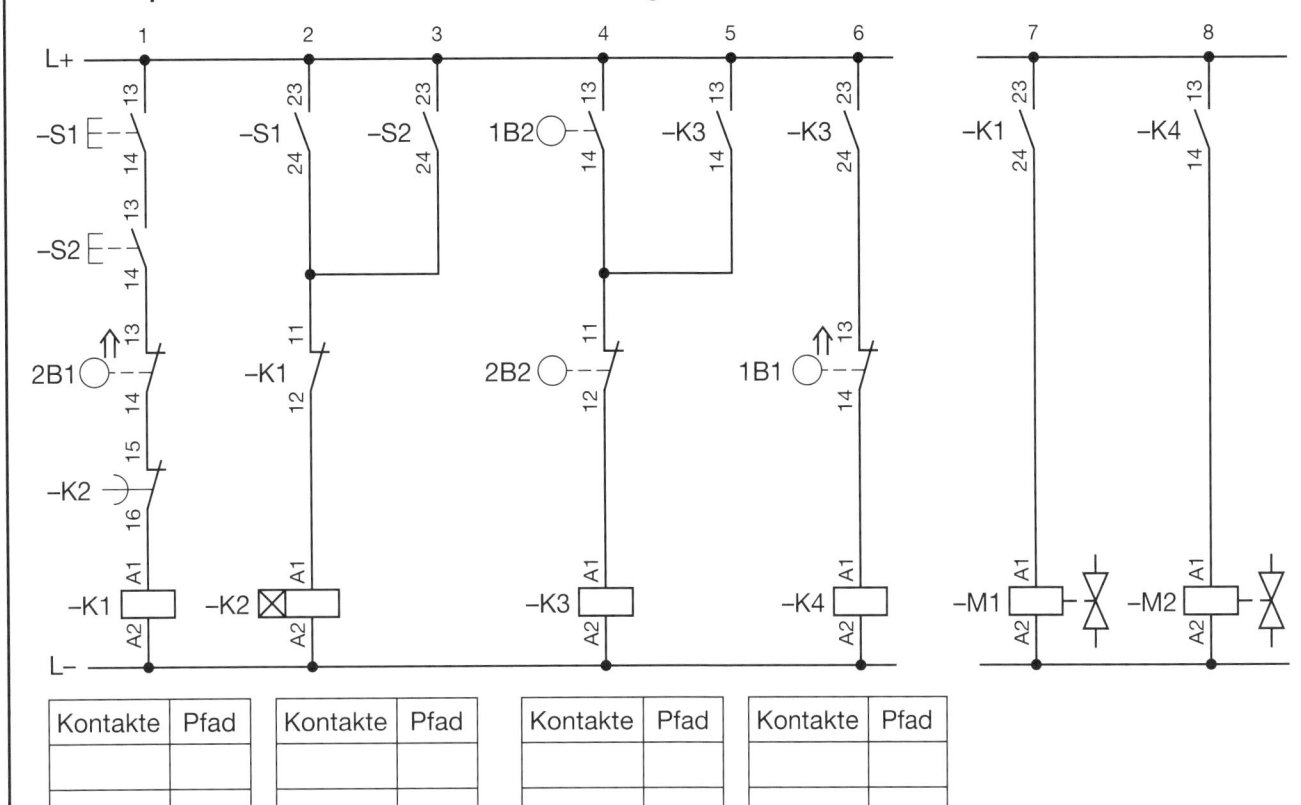

Kontakte	Pfad

Kontakte	Pfad

Kontakte	Pfad

Kontakte	Pfad

a) Starttaster –S2 einige Zeit später betätigt:

_____
_____
_____
_____

b) Starttaster –S1 und –S2 gleichzeitig betätigt:

_____
_____
_____
_____
_____
_____

c) Starttaster –S1 kurzzeitig nicht betätigt:

_____
_____
_____

Name	Klasse	Datum

11 - 3a
Circuit diagrams

Examine the start conditions of the press with a two-hand safety control.
Indicate the control sequence, in case
a) the start button –S2 is triggered a little later than start button –S1,
b) both start buttons are triggered at the same time,
c) the start button –S1 is shortly not triggered while cylinder 1A is extending.

Circuit diagram with two-hand safety control

contacts	path	contacts	path	contacts	path	contacts	path

a) the start button –S2 is triggered a little later:

_____
_____
_____
_____

b) both start buttons are triggered at the same time:

_____
_____
_____
_____
_____

c) the start button –S1 is shortly not triggered:

_____
_____
_____

name	class	date

Vervollständigen Sie den Stromlaufplan für die Presse entsprechend den geänderten Startbedingungen:

Die Presse soll im Automatikbetrieb arbeiten können. Das Ein- und Ausschalten des Automatikbetriebes soll jeweils durch einen handbetätigten Drucktaster erfolgen. Der Automatikbetrieb soll nur ablaufen, wenn der Rundtisch mit Laufrad und Lagerbuchsen bestückt ist. Das wird über einen Näherungsschalter ermittelt.

Die Presse soll weiterhin im Einzeldurchlauf gestartet werden können. Das soll durch einen handbetätigten Drucktaster –S0 erfolgen.

11 – 4

Stromlaufpläne

Stromlaufplan der Presse mit Automatikbetrieb

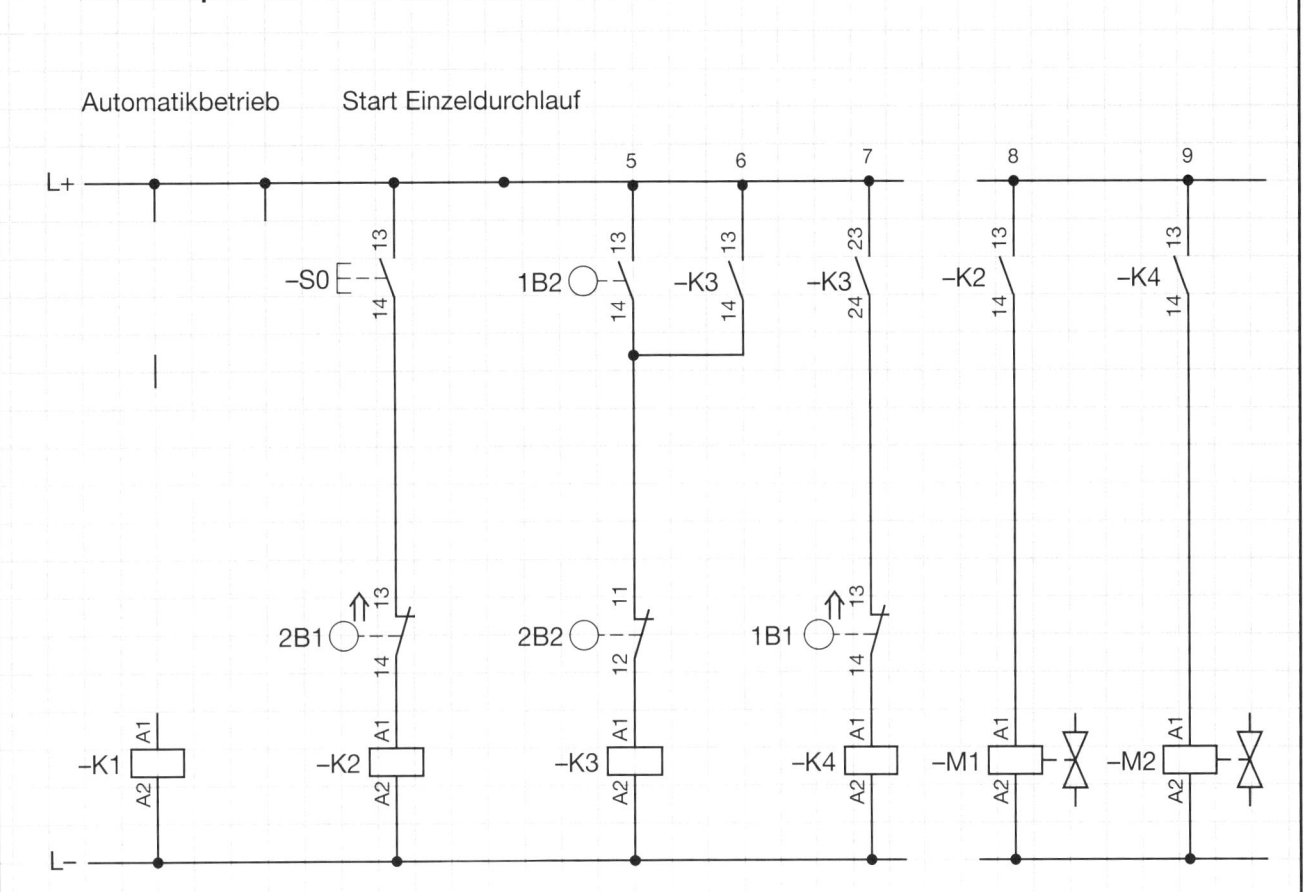

Automatikbetrieb   Start Einzeldurchlauf

Kontakte	Pfad

Kontakte	Pfad
13 - 14	8

Kontakte	Pfad

Kontakte	Pfad
13 - 14	9

Name	Klasse	Datum

Analysieren Sie die Schaltungsunterlagen der Presse durch Bearbeiten der Aufgaben auf den nachfolgenden Blättern.

12 – 1

Speicherprogrammierbare Steuerungen

Funktionsweise:

Auf einer Presse sollen Lagerbuchsen in ein Laufrad eingepresst werden. Das geschieht über den Pressenzylinder. Durch einen Taktzylinder wird der Rundtisch weitergeschaltet.

Die Presse soll im Einzeldurchlauf und im Automatikbetrieb arbeiten. Der Automatikbetrieb soll nur starten, wenn der Rundtisch mit Laufrad und Lagerbuchse bestückt ist. Das wird mit einem Näherungsschalter berührungslos abgetastet.

Den vollständigen Steuerungsablauf mit den Startbedingungen der Presse zeigt das Zustandsdiagramm.

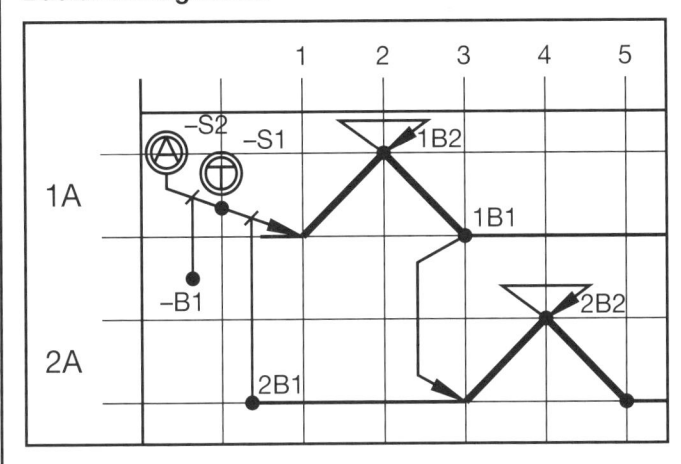

Lageplan:

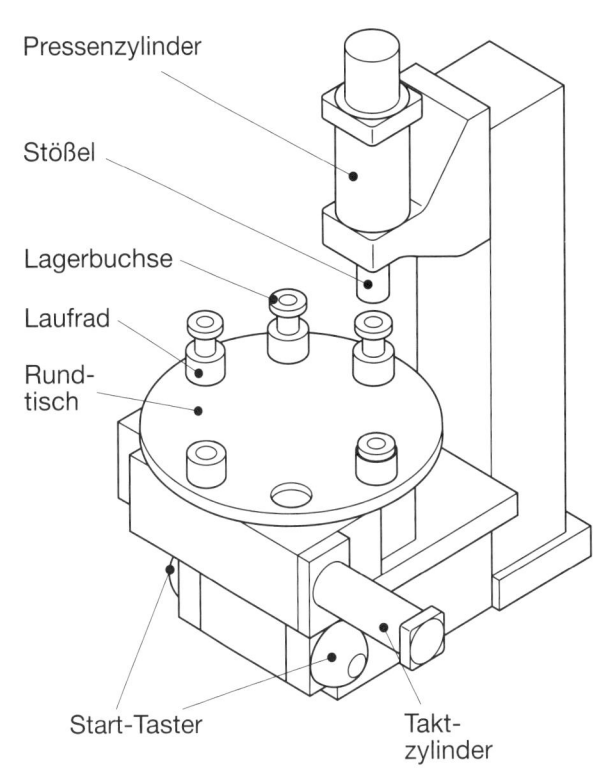

Pressenzylinder

Stößel

Lagerbuchse

Laufrad

Rundtisch

Start-Taster

Taktzylinder

Zustandsdiagramm:

Pneumatischer Schaltplan:

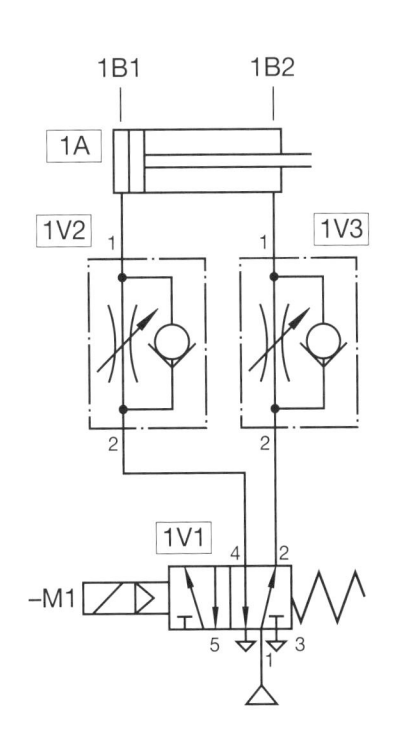

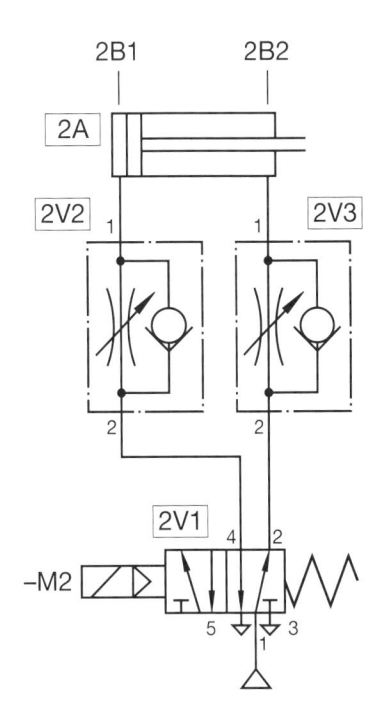

| Name | Klasse | Datum |

12 – 1a

Erstellen Sie die Zuordnungsliste für die Presse.
Die Funktion der Signalgeber und der Stellgeräte können Sie aus dem Pneumatikplan und dem Zustandsdiagramm entnehmen (Vorderseite).

Anschlussplan der SPS

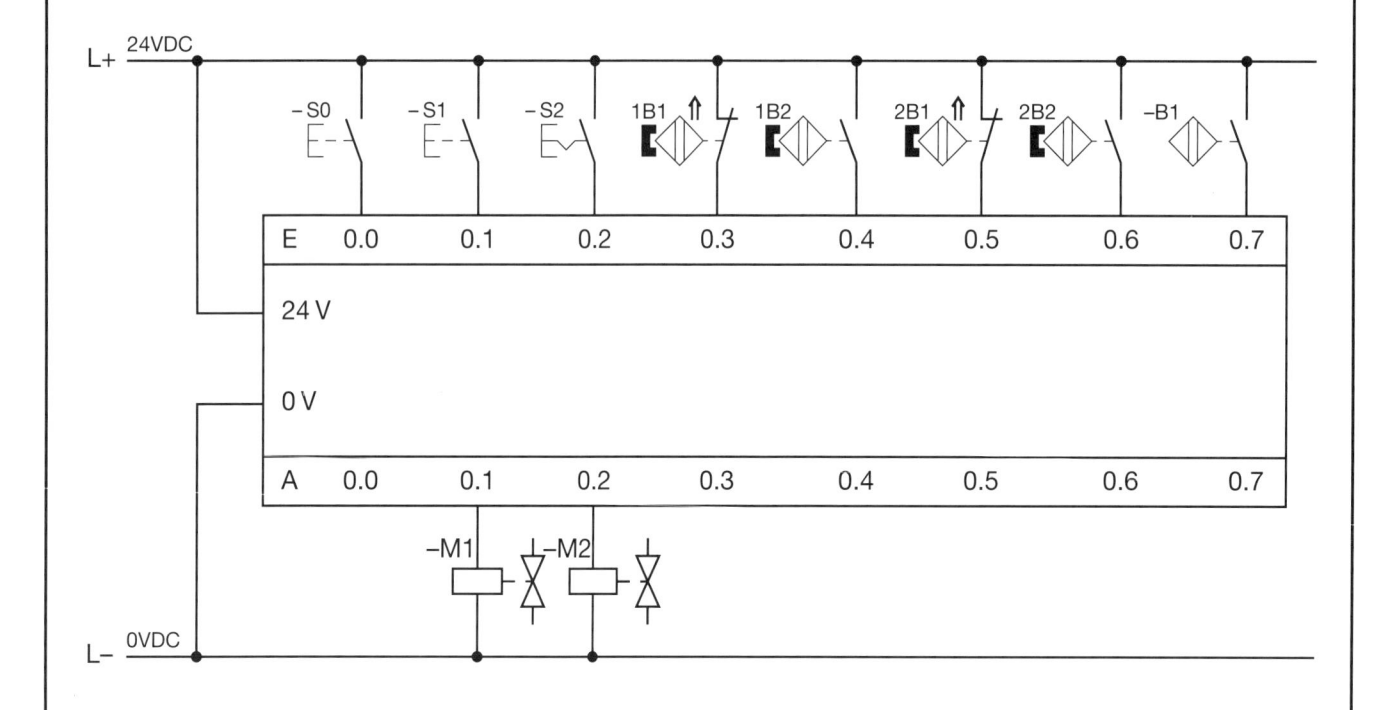

Zuordnungsliste

Signalgeber/ Stellgeräte	Eingänge/ Ausgänge	Kommentar/Funktion
–S0	I 0.0	Startvorbereitung, Grundstellung
–B1	I 0.7	Näherungsschalter, Rundtisch bestückt mit Laufrad und Lagerbuchse

Name		Klasse	Datum

Zu Arbeitsblatt 12 – 1: Speicherprogrammierbare Steuerung der Presse.
1. Vervollständigen Sie den Funktionsplan.
2. Ergänzen Sie das Steuerungsprogramm in Funktionsbaustein-Sprache (FBS).

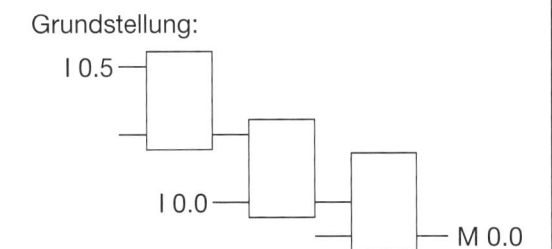

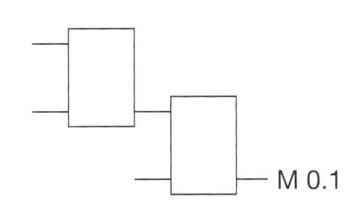

12 – 2

Funktionsplan/
Funktionsbaustein-
Sprache

Funktionsplan – GRAFCET

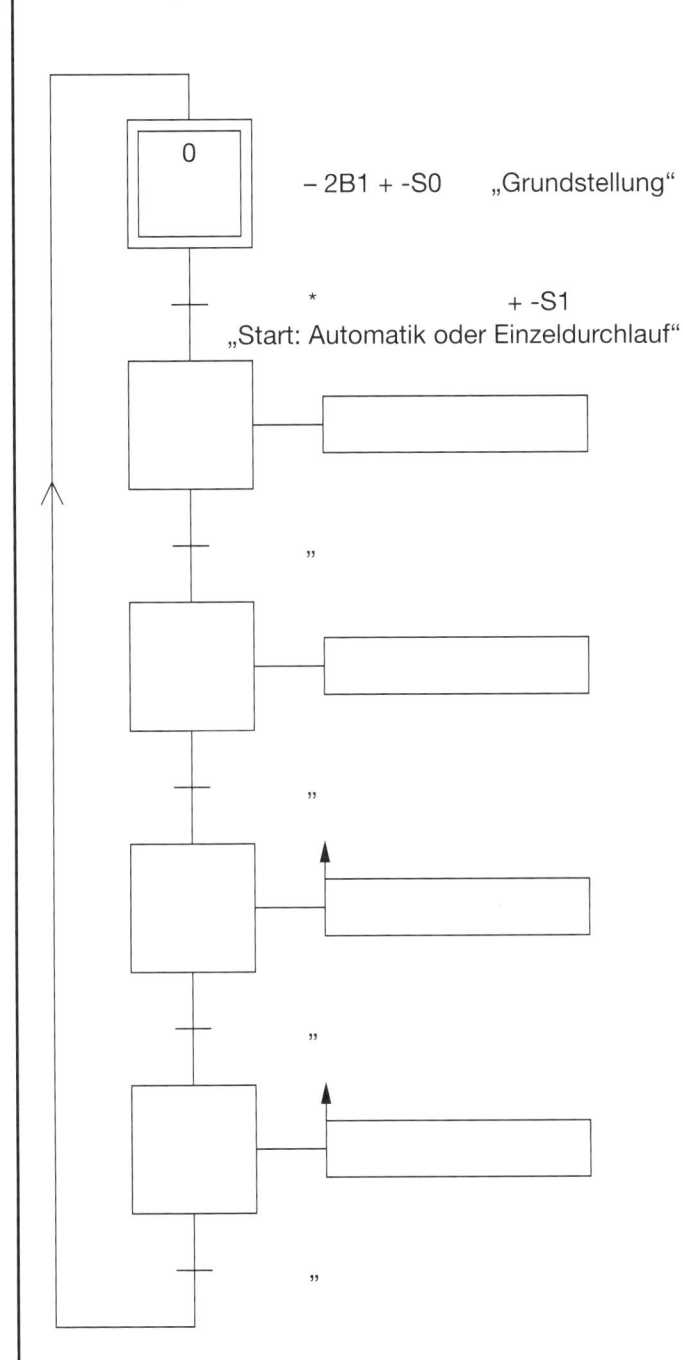

0 — –2B1 + -S0   „Grundstellung"

*   + -S1
„Start: Automatik oder Einzeldurchlauf"

Funktionsbaustein-Sprache (FBS)

Grundstellung:

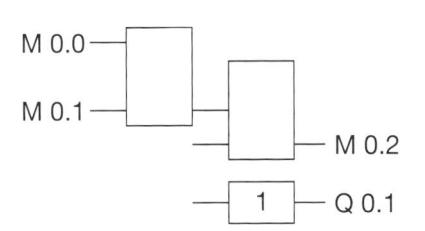

I 0.5
I 0.0
— M 0.0

Start:
— M 0.1

Pressen:
M 0.0
M 0.1
— M 0.2
1 — Q 0.1

Einfahren Zylinder 1A:
— M 0.3

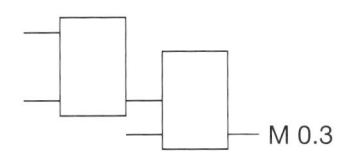

Weiterschalten:
M 0.5 — M 0.4

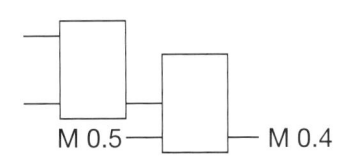

Einfahren Zylinder 2A:
— M 0.5

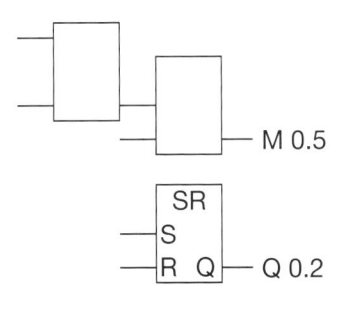

SR
S
R Q — Q 0.2

| Name | Klasse | Datum |

12 – 2a

Zu Arbeitsblatt 12 – 1: Speicherprogrammierbare Steuerungen
1. Vervollständigen Sie die Anweisungsliste.
2. Geben Sie die Anweisungsliste in eine SPS ein und lassen Sie sich einen Kontaktplan ausdrucken.

Anweisungsliste			
Anweisung	Kommentar		
	„Grundstellung"		
LD I 0.5	„Näherungsschalter 2B1"		
AND M 0.5			
OR I 0.0	„Startvorbereitung"		
S M 0.0			
LD M 0.2			
R M 0.0			
	„Start"		

Name		Klasse	Datum

Erklären Sie die im Schaltplan angegebenen technischen Daten.

13 – 1

Hydraulische Schaltpläne

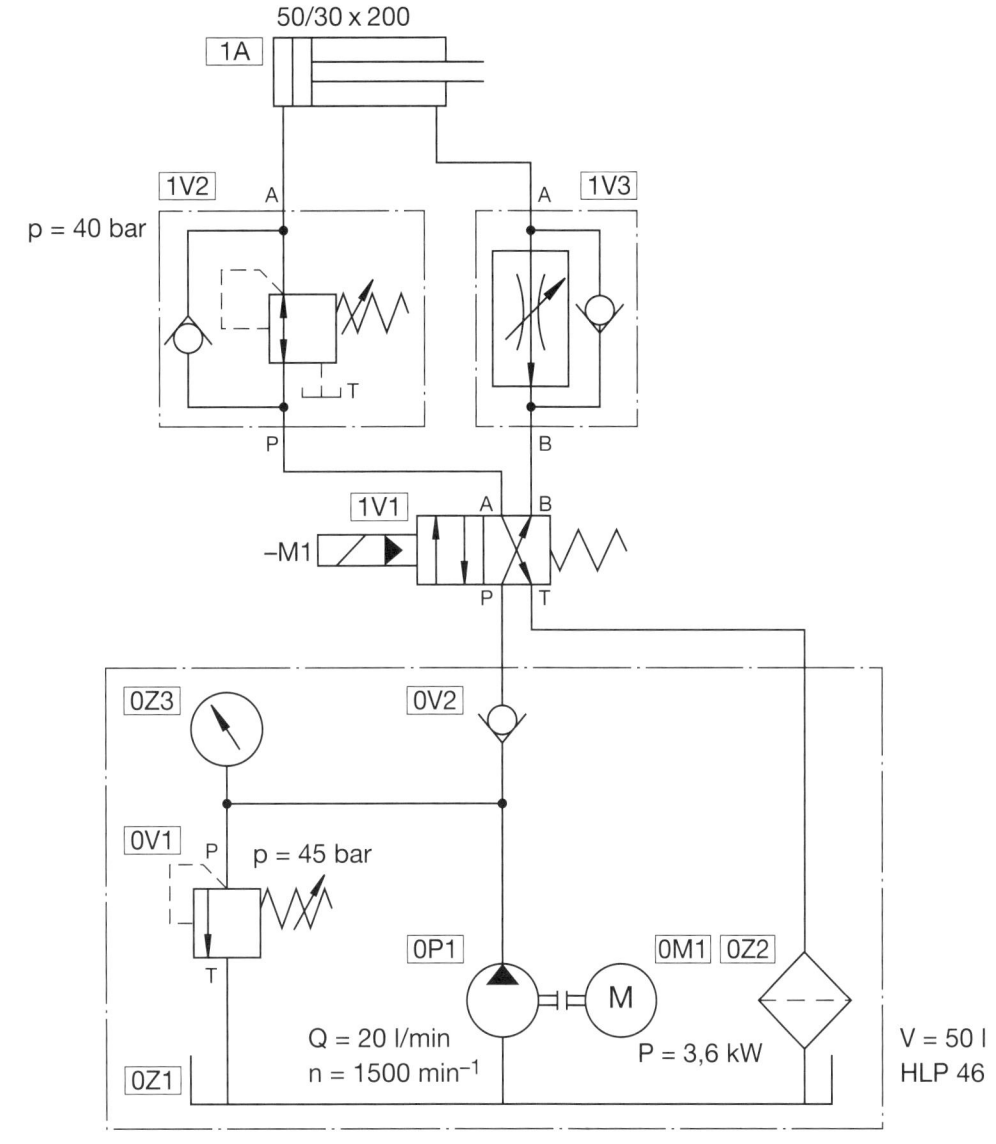

Hydraulischer Schaltplan eines Pressenzylinders

technische Daten	Erklärung
P = 3,6 kW	
Q = 20 l/min n = 1500 min^{-1}	
p = 45 bar	
V = 50 l	
HLP	
50/30 x 200	

Name		Klasse	Datum

13 – 1a

Hydraulic circuit diagrams

Explain the technical characteristics given in the circuit diagram.

Hydraulic circuit diagram of a press cylinder

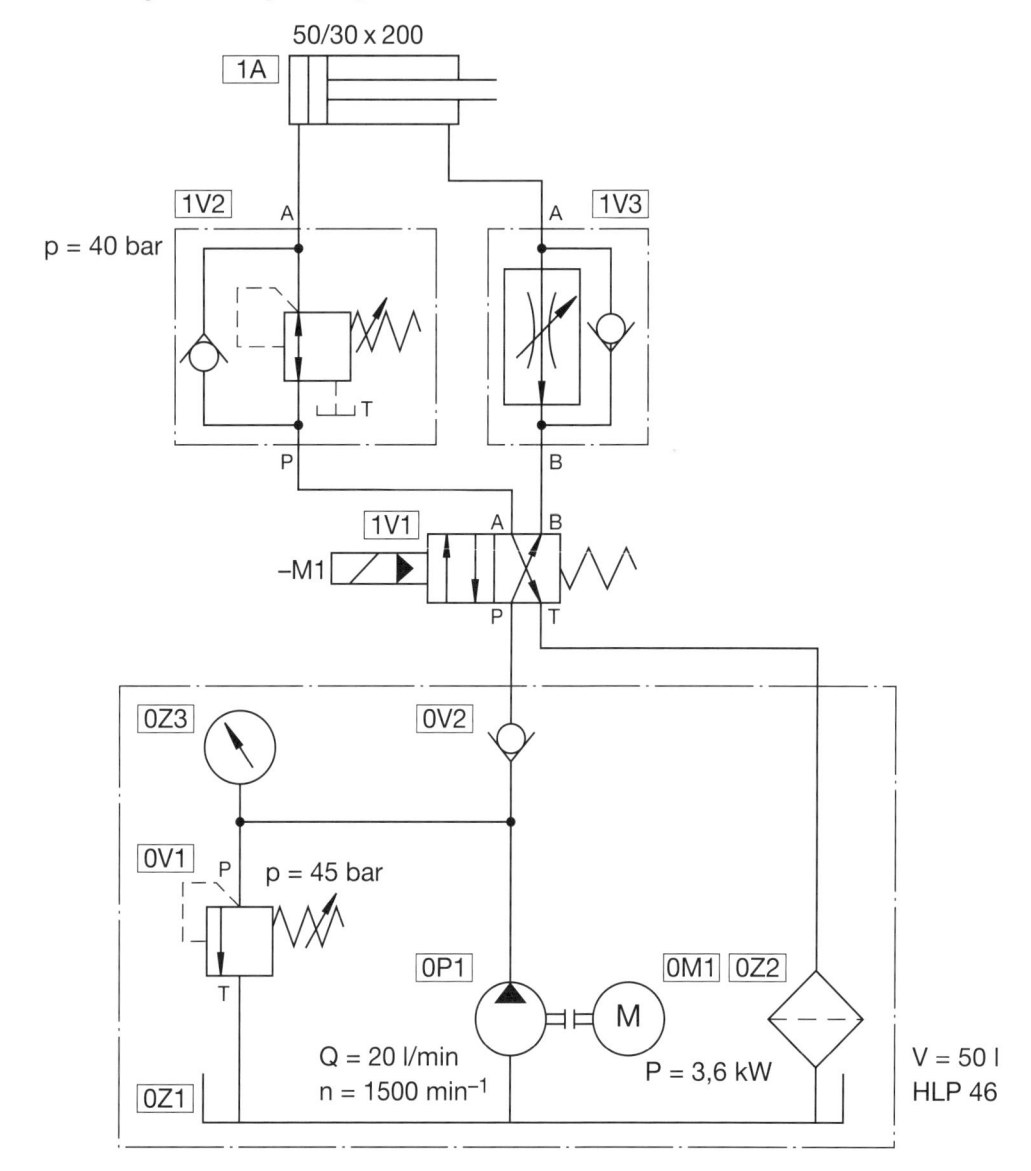

technical characteristics	explanation
P = 3,6 kW	
Q = 20 l/min n = 1500 min^{-1}	
p = 45 bar	
V = 50 l	
HLP	
50/30 x 200	

name	class	date

Schaltzeichen	Kennzeichnung/Bezeichnung	Funktion

13–2

Hydraulische
Bauglieder

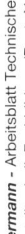

Geben Sie die Kennzeichnung und Bezeichnung sowie die Funktion der Bauglieder in der hydraulischen Anlage von Arbeitsblatt 13 – 1 an.

Name | Klasse | Datum

13 – 2a

Hydraulic structural parts

Indicate the labelling/name and function of the structural parts.

symbol	labelling/name	function

name		class	date

Vervollständigen Sie den hydraulischen Schaltplan entsprechend folgender Vorgaben:
Das Ein- und Ausfahren eines doppelt wirkenden Zylinders wird über ein elektromagnetisch betätigtes 4/3-Wegeventil mit Umlaufmittelstellung gestellt. Die Umlaufmittelstellung wird federzentriert geschaltet.
Die Ausfahrgeschwindigkeit des Zylinders soll über ein Stromregelventil einstellbar sein. Das Stromregelventil soll in der Arbeitsleitung A eingebaut werden. In der Arbeitsleitung B soll ein Folgeventil eingebaut werden. Das Folgeventil ermöglicht das Ausfahren des Zylinders gegen einen einstellbaren Druck. Beiden Ventilen müssen Rückschlagventile nebengeschaltet werden.
Geben Sie auch die normgerechte Kennzeichnung der Bauglieder an.

13 – 3

Hydraulische Schaltpläne

Benennen Sie die gekennzeichneten Geräte in deutscher und in englischer Sprache.
Unterscheiden Sie nach Gerätetyp durch Ankreuzen.

14 – 1

CAD

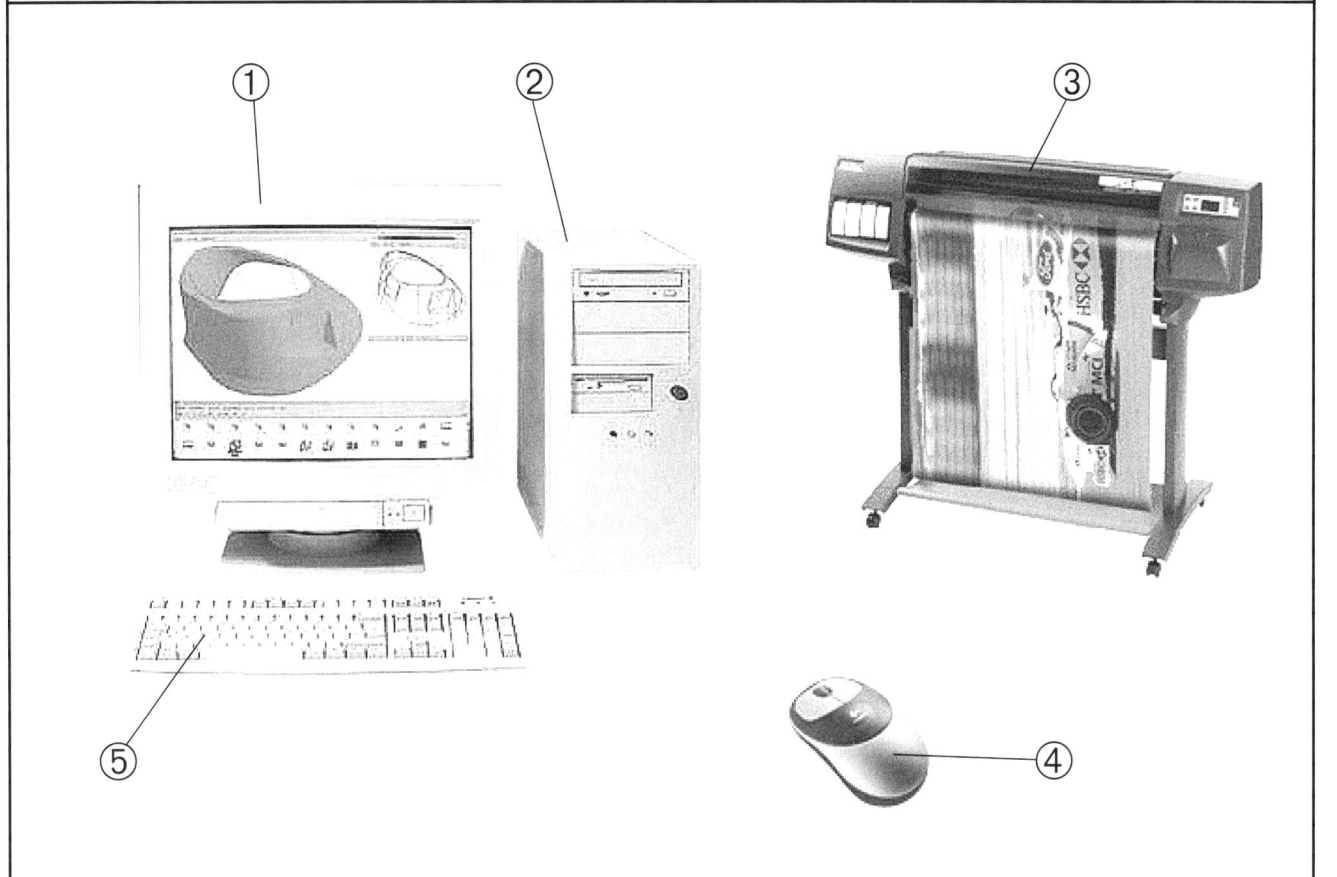

	Gerätename	Eingabegerät	Ausgabegerät	Verarbeitungsgerät
①				
②				
③				
④				
⑤				

Führen Sie weitere Geräte auf, die in Ihrer Schule bzw. in Ihrem Betrieb für CAD verwendet werden.

Name	Klasse	Datum

Benennen Sie die CAD-Datenmodelle, mit denen die Steckbausteine dargestellt sind.

14 – 2

CAD

_____

_____

_____

Name | Klasse | Datum

14 – 2a Erstellen Sie ein Ablaufdiagramm, welches die interaktive Arbeitsweise zur Erzeugung einer Strecke zeigt. Die Strecke soll aus einem Anfangspunkt und aus einem Endpunkt erzeugt werden.

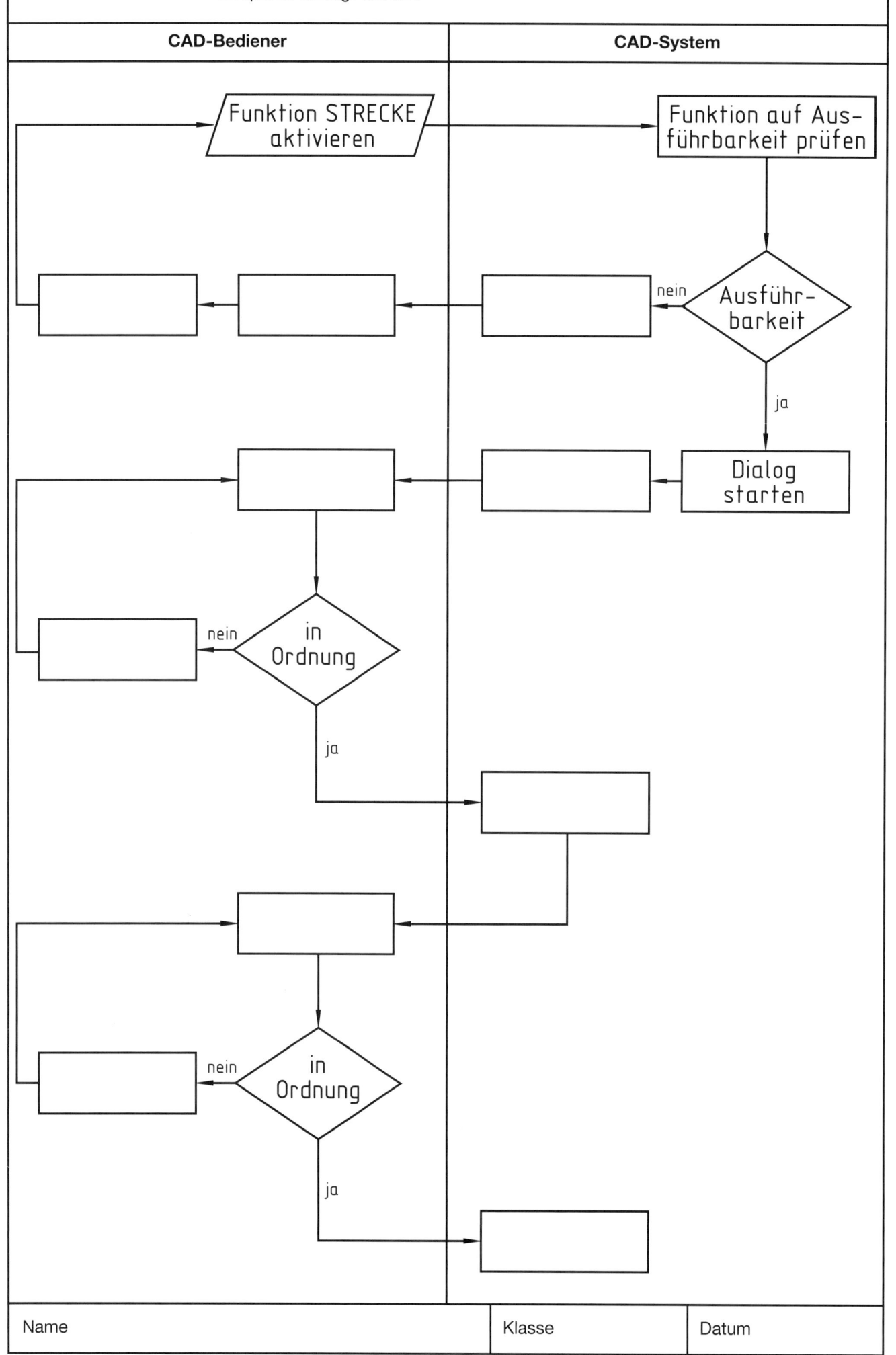

CAD-Bediener	CAD-System

Name	Klasse	Datum

Beantworten Sie die Fragen.

14 – 3
CAD

1. Wie wird im CAD die Arbeitstechnik genannt, um die unten gezeigten Darstellungen nacheinander am Bildschirm betrachten zu können?

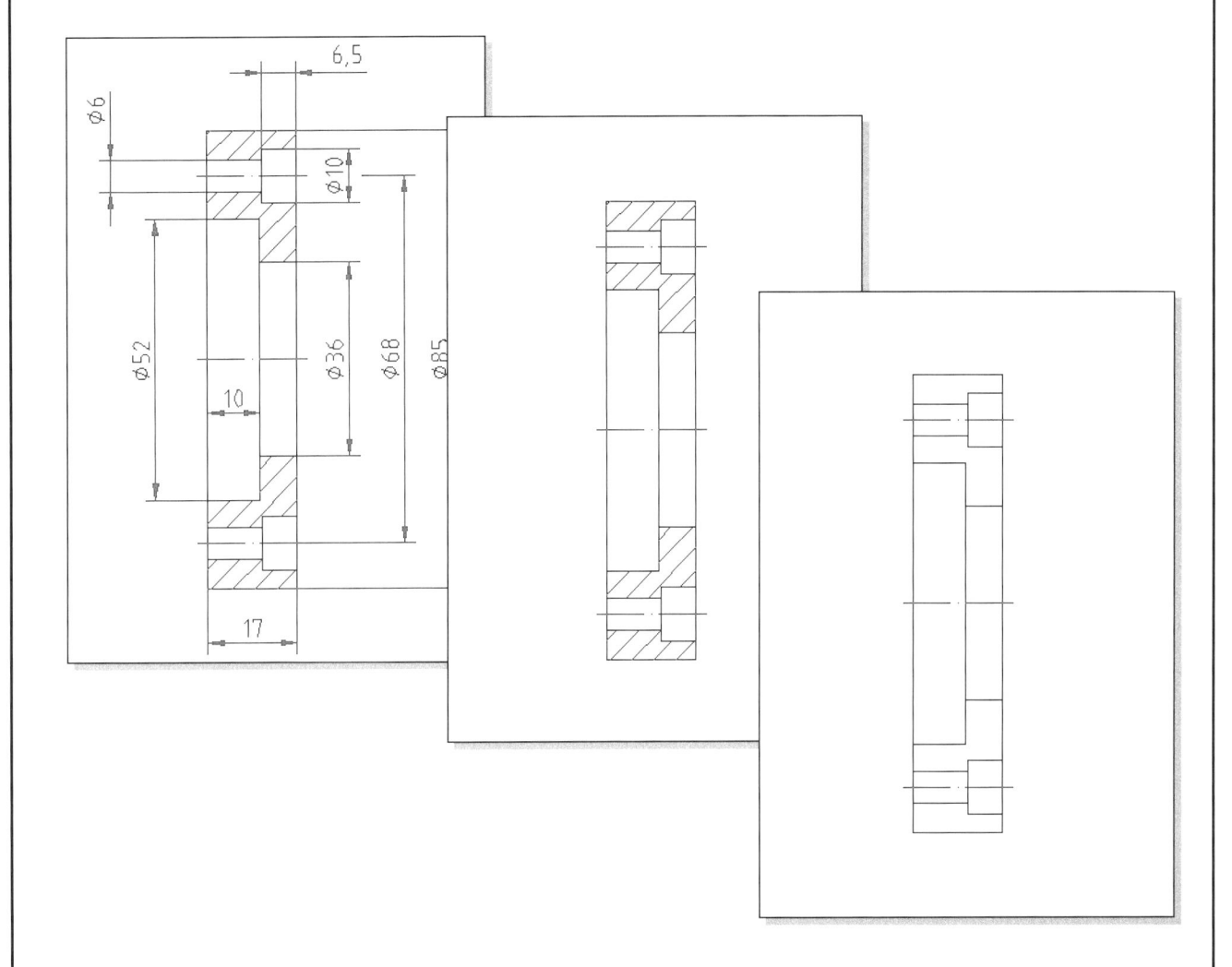

   _____

2. Warum ist diese Arbeitstechnik notwendig bzw. hilfreich?

   _____
   _____
   _____
   _____
   _____

Name		Klasse	Datum

14 – 3a Beschreiben Sie zwei Arbeitstechniken im CAD, um den Mittelpunkt der mit 1 gekennzeichneten Bohrung nummerisch zu bestimmen.

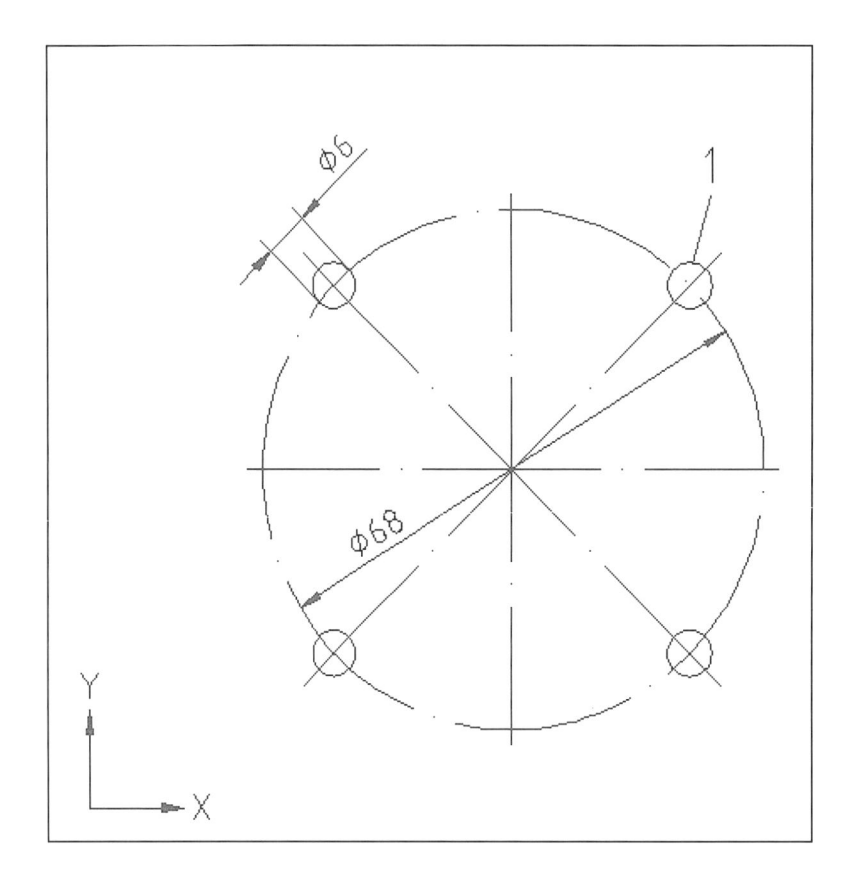

Name		Klasse	Datum

Bearbeiten Sie die Fragen.

14 – 4
CAD

1. Wovon leitet ein CAD-Programm die Maßzahl innerhalb einer Bemaßungsfunktion ab?

   _____
   _____
   _____

2. Nennen Sie drei wichtige Funktionen zur Bemaßung von Strecken.

   _____

3. Der Maßzahl 52 sind noch zusätzliche Angaben zugeordnet.
   a) Wie werden diese Angaben unterschieden und bezeichnet?

   _____
   _____
   _____

   b) Nennen Sie weitere Beispiele für Maßzahl-Zusätze.

   _____
   _____

4. Nennen Sie drei wichtige Maßparameter.

   _____
   _____

5. Welche Vorteile bietet die Verwendung von CAD-Symbolbibliotheken?

   _____
   _____
   _____

6. Welche Angaben können beim Hinzukopieren eines Symbols aus der Bibliothek in die bestehende Zeichnung vorgenommen werden?

   _____
   _____

7. Welche Symbolbibliotheken sollte ein CAD-System für den allgemeinen Maschinenbau beinhalten?

   _____

Name	Klasse	Datum

14 – 4a   Beantworten Sie die Fragen.

1. Welche Bedeutung hat die Abkürzung CAD?

2. Welche Aktivitäten zählen zu dem Begriff CAD?

3. Kann ein CAD-System kreativ konstruieren?

4. Nennen Sie mindestens drei Vorteile des CAD zur manuellen Konstruktion am Zeichenbrett.

5. Welche CA-Einzelsysteme können in den Firmen bestehen?
   Nennen Sie einige Beispiele.

6. Wie wird die EDV-technische Verknüpfung mehrerer Einzelsysteme von der Konstruktion bis zur Fertigung bezeichnet?

| Name | Klasse | Datum |

Notizen

Notizen